北水ブックス

凍る海の不思議

〜インドア派研究者の極域奮闘記〜

野村 大樹 著

KAIBUNDO

目　次

はじめに

冬になると海は凍る。凍った海を研究するため，氷をかき分けて船が走る。とても爽快だ。海に浮かぶ氷は一つとして同じ形のものはない。そして美しい。ときどき船から氷の上に降りて実際に氷を採取し，さまざまな化学成分，色，味，臭いなども含めて調べ尽くす。時には南極，北極などの極域の海にも出かける。この本では，私がこれまで経験した凍る海での観測研究について紹介したいと思う。凍る海の役割や不思議な現象の仕組みなどをできるだけ噛み砕いて解説するとともに，いろんなエピソードをコラムでお伝えして，観測や研究の実際についてありのままを知ってもらいたい，そんな想いで執筆した。また，観測中に撮影した写真をたっぷり掲載して，現場のイメージをつかんでもらえるよう心がけた。凍る海の神秘に一人でも多くの方に興味を持っていただけたらうれしい。

幾何学模様の海氷
（S. Hendricks 氏撮影）

1
えっ！ 海が凍る？

水たまりや池が凍ることは，真冬であれば，よくある。北海道のオホーツク海沿岸では，流氷が押し寄せる光景を目にすることができる。この流氷は，オホーツク海北部のロシア沿岸で海水が凍りはじめ，その分布が広がり，北海道まで到達したものである。

オホーツク海の海氷
（筆者撮影）

世界気象機関がまとめた海氷用語集によると,「海氷」は,「海の水」が凍ることによって出来たすべての氷と定義されている。世界中で,最も低緯度で海氷を見られるのは北海道のオホーツク海沿岸であることをご存じだろうか(私は大学院生になるまで知らなかった。恥ずかしながら,海が凍ることも知らなかった)。北半球の冬,シベリアで急激に冷やされた空気が季節風となってオホーツク海沿岸に吹き付ける。冷たい空気が海表面から熱を奪い,海水は冷やされ,マイナス 1.8 度になると凍る(この点を結氷点という)。

南極では,空気が猛烈に冷やされるため,外洋の海盆域でも,表面から深度数百メートルまで海水が結氷点近くに冷やされて,表面から凍りはじめる。北極海の海盆域では,大西洋由来の高塩分・高水温(プラス 1 度くらい)の高密度水が深層に横たわっているので,表層水だけが結氷点まで下がり,海氷ができる。

南極の雪の結晶
(M. Hoppmann 氏撮影)

オホーツク海でのヘリコプターによる海氷調査（筆者撮影）

北極や南極より低緯度で海水が凍るには，海が浅いことと，マイナス20度くらいの冷たい空気が連続的に吹き付けることが必要である。この条件が満たされる場所がオホーツク海北部のロシア沿岸なのである。ロシア沿岸から遠く離れた北海道のオホーツク海沿岸まで海氷が広がり，「最も低緯度で見られる海氷」として，美しい光景を楽しませてくれるのだ。海氷に埋め尽くされた海は白一色となり，あたかも陸のようだ。嘘か真か，北海道オホーツク海沿岸の街では，昔，東京から来た人に凍った海を見せ，「この土地を買わない？」と売ろうとしたという話もたくさんあるほどだ。

オホーツク海の流氷は，漁船の航行を困難にする厄介者ではあるが，氷とともに栄養やプランクトンが運ばれることによって海に恵みをもたらしたり，冬場の砕氷観光船による海氷クルーズなど貴重な観光資源にもなったり，いいことづくしである。

淡水氷と海水氷

フィンランドには数えきれないほどの湖が存在し，国土面積の約10％に達する。フィンランドといえばサウナである。フィンランドの研究者と観測をしていると，午後になると今晩のサウナの話をしはじめ，そわそわしだす。サウナで熱くなった体を冷ますために，湖に飛び込む。ときどき凍った湖にも飛び込む。

湖は淡水なので，海氷の研究者が研究対象としている海洋とは異なる水の循環システムが形成される。これは，淡水の密度が「プラス４度」で最大となることに起因する。冬季にはプラス４度の水が湖底を占め，湖氷の直下には０度に近い水が存在する。春季，日射によって表層の水温は上昇し，４度になると湖底に存在する水との密度差がなくなり，鉛直混合が起きる。それによって栄養を多く含んだ湖底水が表層にもたらされるという仕組みである。これに対して海氷域では，春になると海氷の融け水によって海洋表層の栄養が薄められる。春季に栄養塩が供給される湖と，栄養塩が薄められる海洋。このようにシステムがまったく異なる環境の物質循環を対比させると，新たな発見があるかもしれない。

フィンランドの湖（筆者撮影）

2
海の１割を氷が覆う

海氷は出来たり融けたり，流れてどこかへ行ってしまったりするので，世界の海でどのように分布しているのか，陸地からの観測ではその全貌は捉えきれない。しかし，衛星技術の発達により，海氷の水平分布を時々刻々と知ることができるようになった。その結果，極域では多くの面積を海氷が占めること，海洋全体で見ると面積の約１割が海氷に覆われることがわかった。「たった１割？」と思うかもしれないが，この１割の海氷が海洋環境や地球の気候に絶大な影響を与えると考えられている。たとえば，南極の海氷域で形成される南極底層水が世界中の海に底層水を送り込むポンプの役割を果たしていることがわかっている。

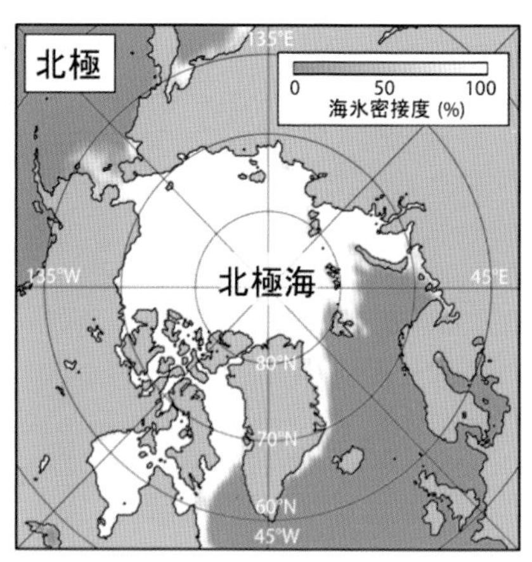

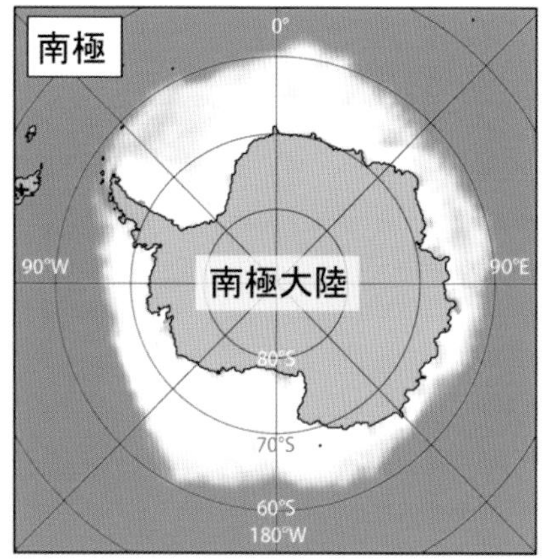

衛星観測によって得られた海氷分布図。左図は北極点，右図は南極点を中心として上から見たときの海氷の分布（白い部分）を示す。（左図は 2015 年 2 月の平均値，右図は2013年7月の平均値を示す。国立極地研究所・田村岳史氏提供）

「一般的な海洋」に関する知識は，普通の観測船がすいすい進める氷のない海域・時期に観測されたデータをもとにしており，「ただし，極域（南極・北極）は除く」という注意書きが付されることが多い。このように，氷で覆われている状態の海については，情報が圧倒的に少ないのである。

上記のとおり，海氷の水平的な分布を調べるには衛星観測が威力を発揮する。しかし，海氷の厚さやその出来かた，海氷に付着した生物，海氷の状態などを詳しく調べるには，氷の海へ行き，氷に穴を開けたり，氷を採取しなければならない。しかし，海が凍ってしまうと，普通の観測船で航行することは不可能である。海面上に数十センチしか顔を出していない氷でも，海面下には 1 メートル以上の巨大な塊が隠れている。こんな氷に囲まれては，普通の船は身動きが取れなくなる。そこで，氷をバリバリ粉砕する「砕氷船」の登場である。砕氷船で海氷域にたどりついて観測をすることによって，海氷生成がもたらす物理・化学・生物過程が相互に関わる現象を数多く発見できるのである。

南極海で極夜の海氷観測
（S. Hendricks 氏撮影）

観測物資の準備と輸送

観測をするためには機材が必要である。観測への出発が近づいてくると，ぐちゃぐちゃになった部屋から観測機材を掘り出してきて箱に詰めるという作業をする。実は，私はこの荷物準備が大の苦手なのである。時には 100 箱以上になることもあり，もうどうにもならない。この量になると引っ越しと同じである。どこに何がどのくらい入っているのか，わからなくなってしまう。そうならないようにリストをつくるのであるが，すぐぐちゃぐちゃになってしまう。私は心配性なせいもあり，とにかく何でも多めに持っていく。現地で足りなくなるという事態を避けたいのである。よって，荷物が多くなってしまう。負の連鎖である。

大量の物資を時には海外に停泊中の砕氷船に送らなくてはならない。国内であれば○○ネコさんなどにお願いすれば 2～3 日で目的地まで簡単に到着する。しかし，海外となると話は別だ。まず，送料の問題がある。送る場所にもよるが，数十個で往復 100 万円近くになるなど，私のような貧乏研究者ではなかなか払えない（これまでも多くの仲間に助けていただいた。感謝します）。また，ちゃんと届かないこともある。たとえば荷物のなかに怪しいもの（武器などと間違えられる場合がある。通常，そのようなものは事前に手続きを行う）などがあると，税関でストップしてしまうことがある。そのせいで観測に間に合わなかったという悲しい経験もある。さらに，取り扱いの問題。国によるのか，観測機材が入っている箱がボコボコに壊れていたこともある。真夏や真冬には，せっかく死ぬ思いで採取した海水サンプルが，温まってしまったり，凍ってしまうこともある。なんとも悲しい。冷凍，冷蔵輸送もできなくはないが，送料がものすごく高くなってしまう。また，途中でストップしてしまうと，サンプルが台無しになることもある。そのため，私はよく，飛行機で移動する際に預け荷物でいろいろなものを運ぶ。費用が比較的安く，またサンプルがダメになるリスクも軽減されるからだ。

このように，観測を活動の中心とする研究者は，いつも荷造りに追われている。ただ，荷物を出した後の達成感は何とも言えない。観測はまだ始まってもいないのに，すべてが上手くいったかのような気分になるのである。

3
海氷は地球の環境を左右する

海の1割を覆う海氷が海洋環境や地球の気候に絶大な影響を与えると述べた。具体的な例を以下に示す。海氷の存在は，大気と海洋の間で断熱材として働き，海洋からの熱放射を軽減させる効果があると認識されている。お風呂のふたをイメージするとわかりやすいかもしれない。お風呂のお湯はふたをするかしないかで冷めやすさが全然違う。ふたがあるとなかなか冷めない。同じように，海の表面に海氷というふたがあることによって，海に蓄えられている熱の大気への放出が抑えられるのである。

また，海氷の表面が太陽光を反射する効果（アルベド）により，地球の温暖化を抑制している。今度は，スキー場をイメージしてほしい。天気のいい日は，雪の表面で太陽の光が反射して，非常にまぶしい。本来，太陽のエネルギーは地表で吸収され，地表付近の温度を上昇させる。しかし，海氷の表面では，太陽光は反射するため，海面付近の温度上昇は抑えられるのである。このように

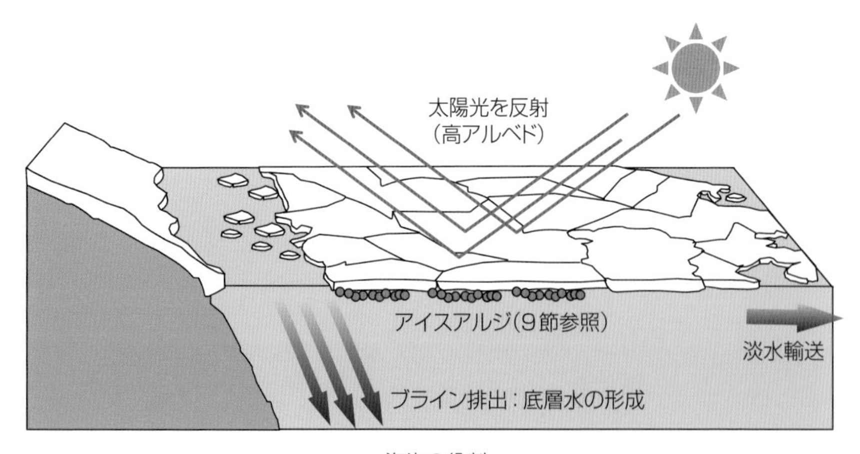

海氷の役割

海氷は反射パネルとして働き，地球の昇温を抑える役目を果たしている（詳細は 13 節参照）。

さらに，海氷生成時には，海氷内に存在する高塩分水であるブラインが，海氷から海氷下に排出される。ジュースを早く冷やしたいからと，冷凍庫に入れて，そのまま忘れてしまったという経験はないだろうか。中途半端に凍ったジュースは，濃くて甘ったるい味がしたはずだ。これは，ジュースのなかの真水の部分が先に凍ったためである。果汁や砂糖が含まれる部分は，凍りにくくて融けやすいので，凍っている最中や融けている最中は濃縮されている。そのため，濃くて甘ったるいジュースになるのである。海水も同じで，塩などの不純物を含む部分が最後に凍る。よって，海の上から凍っていくと，濃い塩水は氷の下にはじき出されて溜まるのだ。溜まった濃い塩水は重い（比重が大きい）ので，アイスコーヒーに入れたガムシロップのように沈んでいく。このように，海氷生成時には，海氷内に存在する濃縮された高塩分水（ブライン）が，海氷から海氷下に排出され，周りの水よりも重いために海底へ沈んでいく。この重い深層水の形成は地球上をめぐる海洋大循環のポンプの役割を果たし，熱や栄養などの物質循環に大きく関わる重要な過程なのである。

出来た氷を融かして舐めてみると，ほんのりしょっぱい。これは上で示したように，海氷が成長する際に氷のなかに存在した濃い塩水は海氷の下に弾き出されてしまい，氷自体に含まれる塩の量が少なくなっているためである。また，氷の上には雪が降る。雪は塩を含まない。よって，それが融けるときには，大量の淡水が海に供給されることになる。氷は成長し融けるまでの一生の間，同じ場所にとどまる場合もあるが，多くは割れて，流れ出し，元々海氷が出来たところから遠く離れた場所で融け出す。つまり大量の淡水が輸送されているのである。淡水の輸送とその後の融解は，植物プランクトンに必要な栄養物質などを薄めてしまうことがある。

局所的ではあるが，氷の存在によって氷の直下を流れる水の流れはユニークなものになる。氷がない場合，海の表面は風の影響によって波立っている（もちろん無風で波立っていない場合もあるが）。しかし，海の表面に氷が存在すると風の影響が海に伝わらないため，海が波によって混ぜられることはほとんどない。たとえば，河口付近に氷が張っていると，河川から海へ流れ込んだ河川水は，海水よりも比重が小さいため，混ざることなく，氷の下にへばりついて沖へ流される。波で混ざることもないため，栄養塩などを多く含む河川の水が広い範囲に輸送されるのである。このように，独特な海氷下の水の流れは，物質循環の観点からもユニークなものとなる。

一方，北極海の沿岸などには油田がある。氷がある時期にもし油田事故が発生し，油が大量に流れ出てしまうと，氷の下を沖へ広範囲に油が流れ，大きな被害となる。このため，氷に覆われた海の氷直下の研究は，油田のある海域で盛んに行われているのである。

ただ，氷の下の観測をするのは難しい。氷に覆われてしまうと，氷に穴を開けて，温度や塩分などを測定するための観測機器や海水を採取するための採水器を降ろす必要がある。氷に穴を開ける作業は氷の厚さが増せば増すほど大変である。よって，氷の割れ目から観測を実施する場合もある。

以上のように，海を覆う海氷が果たす役割は大きい。今後，温暖化によって氷がなくなったら，上で示した海氷の機能が失われ，地球の環境に大きな影響を与える可能性がある。その影響を把握するためにも，海氷の役割と現状をしっかり理解しなくてはならないのである。

北極海のメルトポンド内の浮遊有機物サンプルの採取（筆者撮影）

北極海のクラック（氷の割れ目）でのチューブによる採水（筆者撮影）

美しい氷，かわいい氷，汚い氷，臭い氷

船に乗って研究をすることが多い。船橋（ブリッジ）で海を眺めていると，美しいのであるが飽きてしまい，眠くなる。波マニアの方には申し訳ない。

砕氷船で氷のなかを走るときは，氷をボコボコかき分けて進む。氷にぶつかると，ガツンという音とともに振動がある。寝ているときはただただうるさい。

海氷は一つとして同じ形がない。氷と氷が重なり合ったものもあれば，融けかかっているものもある。キリンやラクダに似た氷もときどき現れる。見ていて飽きないし，本当に美しい。私は海氷研究者なので多少のバイアスはあるだろうが，まったく飽きることがない。海氷の画像をおかずに，ご飯を食べるという氷マニアもいるほどだ。

一方，真っ黒な汚い氷もある。臭い氷もある（温泉の臭い）。これは氷ができる際に，海氷のなかに海底の泥や氷に付着した植物プランクトンなどが混入し，時間の経過とともに腐ったりしたためであると考えられている。

こんな美しい，ときどき汚い，臭い氷に乗って研究したいという学生さんがいたら，ぜひ一緒に仕事がしたいものである。

北極海の美しい海氷（筆者撮影）

4
碎氷船いろいろ

海氷のある海へ行くにはいろいろな方法がある。たとえば，陸から歩いたり，スノーモービルで氷の上を行く，氷を砕いて進むことのできる砕氷船を使う，ヘリコプターや飛行機などで空から海氷の上に降り立つなど，さまざまである。

ここでは砕氷船について紹介しよう。私が乗船したことのある砕氷船の写真を示す。カラフルなものや地味なもの，大きさも形もいろいろだ。

日本の「しらせ」は，南極昭和基地へ大量の物資を運ぶ必要があるため，ものすごく大きい。氷の上の雪を融かすために，舳先から水が大量に出る。床屋もある。「しらせ」は海上自衛隊によって運航されている砕氷艦であり，海洋観測の際は鍛え抜かれた自衛隊の方々がありとあらゆる作業を実施してくれる。

日本の「しらせ」
（筆者撮影）

観測点までの移動で利用したスノーモービル（筆者撮影）

南極観測で使用した大型ヘリコプター
（第 51 次日本南極地域観測隊の隊員撮影）

巡視船「そうや」は海上保安庁のパトロール船であり，砕氷能力を持っている。北海道大学低温科学研究所との共同研究で毎年 2 月に凍るオホーツク海に出かけて調査をしている。

巡視船「そうや」
（三浦大輝氏撮影，海上保安庁撮影協力）

巡視船「そうや」から降ろされたバスケットで
積雪および海氷サンプル採取（豊田威信氏撮影）

オーストラリアの「オーロラオーストラリス」は真っ赤である。海氷観測のために氷の上へ降りるときは，なぜかキッチンを通らなくてはならない。そのため，ステーキを焼いているすぐ後ろを「すみません」と言いながら通過することが何度もあった。モコモコの服装にステーキの香りを染み込ませて。

オーストラリアの「オーロラオーストラリス」（筆者撮影）

「オーロラオーストラリス」のヘリポート（筆者撮影）

ドイツの「ポーラーシュテルン」には，サウナ，プール，バーがある。売店でビール，お菓子，歯磨き粉，サンダルなども買える。まるでフェリーのようだ。

ドイツの「ポーラーシュテルン」（S. Hendricks 氏撮影）

「ポーラーシュテルン」を目指すヘリコプターからの眺め（S. Hendricks 氏撮影）

北極で待つ「ポーラーシュテルン」までの移動では，少しの期間であったがロシアの「トリオシュニコフ」にお世話になった。とにかく大きく，ヘリポートが前と後ろの 2 箇所にあった。

ロシアの「トリオシュニコフ」（筆者撮影）

「トリオシュニコフ」とのお別れ（筆者撮影）

ノルウェーの「ランセ」は，もともとは漁船だったらしい。小型で小回りが利く。お酒は飲めない船だった。何か事件でもあったのだろうか？

ノルウェーの「ランセ」（筆者撮影）

それはさておき，どこの家庭にも独特の雰囲気があるように，砕氷船にもそれぞれの特徴があり，非常に面白い。食事もおやつもさまざま。言葉も人種もさまざま。飲酒ルールもさまざま。短くても 2 か月，長いときには 4 か月もの間お世話になるので，船を降りるころにはすっかり馴染んでしまい，いつも名残り惜しい気持ちになる。

食事事情

いろいろな船に乗る機会があった。食事にあまりこだわりはないが，やはり一日に何回も食べるものなので，おのずと気になる。個人的な好みもあるだろうが，よその国の料理は２日ほどで飽きてしまう。美味しいのであるが，何かが違う（しかし，ドイツ船で出たハンバーグを焼く前のような生肉のミンチは，醤油をかけるとネギトロのようになり大好きであった）。そう考えると，日本食は本当にえらい。改めて日本人でよかったと思う。南極昭和基地では隊長自ら寿司を握る。もちろん，誰もが「日本食最高」というわけではない。日本の船に乗り合わせた海外の人たちを見ると，やはりハンバーガーを食べたそうにしている。母国の味に勝るものなしである。

ドイツ砕氷船の食事
（筆者撮影）

隊長が握る寿司
（南極昭和基地）
（筆者撮影）

5
海氷の誕生

海氷が凍りはじめると，海水内に針状の氷の結晶（氷晶）が漂う。これはフラジルアイス（fragile ice）とも呼ばれる。このフラジルアイスは浮力により海面に浮上して溜まる。フラジルアイスが溜まってくるとドロドロになり（グリースアイス），さらに冷やされると徐々に固体状の氷の塊になる（ニラス）。さらに成長すると，割れ目がなくなり，一枚の板氷になる。その途中で，波の影響によって氷の塊がお互いにぶつかり合うと，蓮の葉氷（パンケーキアイスともいう）を形成することがある。

南極海における海氷成長初期の様子（S. Hendricks 氏撮影）

南極海の蓮の葉氷域でマミーチェア（オレンジ色のカゴ）から
水中内光量を測定（筆者撮影）

冷たい空気は氷の表面から熱を奪い，海氷の下方への成長を促進する。嵐など荒れた状況では海氷が割れ，氷と氷が重なり合い，巨大な氷の塊になることもある。このような現象はオホーツク海でもしばしば起きることが知られており，海氷の厚さが 20 メートルを超えることもある。

6
海氷の成長とブラインチャネル

海氷といっても，氷の結晶部分は真水なので，成長する際，海水中の溶存成分は結晶の外に排出される。追い出された塩は高塩分水として海氷の外部（海氷下の海水）に排出されるが，一部の塩は海氷内に高塩分水として残る。この高塩分水をブラインと呼ぶ。

ブラインは海氷内部に出来るブラインポケットに存在し，海氷の成長にともなって徐々に下方へ移動する。その際，ブラインの通り道が出来る。これをブラインチャネルと呼ぶ。ブラインチャネルは無数に存在し，海氷内部は微細な多孔質状になっている。海氷内のブラインの一部は，海氷の底面から抜けて海水中へ流れ出る。ブラインチャネルは，海水と海氷，大気をつなぐ道なのであ

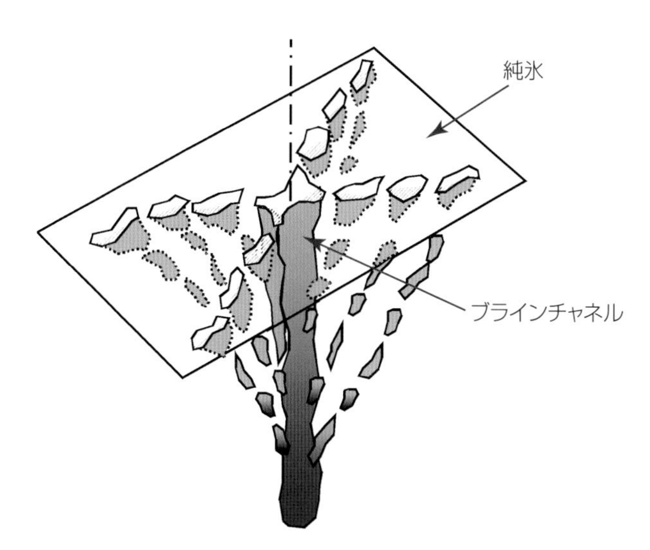

海氷内ブラインチャネルの模式図

る。この道を，塩だけでなく，溶存ガス（二酸化炭素など）も通ることが最近の研究で明らかになりつつある。塩を含まない河川や湖沼で出来る氷は大気と水圏の間の遮蔽壁の役割を果たすが，海氷はブラインが物質輸送を担う点で大きく異なるのである。

海氷内に存在するブラインは，海氷研究において肝となるものであるが，液体状のブラインを海氷から取り出すことは非常に難しい。海氷を採取して遠心分離器を使用してブラインのみを取り出す方法もある。しかし，温度が上がったり，遠心力によって海氷内部の圧力が変化するなど，ブラインの状態が変わってしまう。そこで，苦肉の策として，海氷にゴルフカップのような穴をあけ，穴の底にブラインが溜まるのをじっと待つのである。分析に十分な量のブラインを集めるには，海氷の温度にもよるがおおよそ 1 時間ほど待つ。温度が変わらないように，穴の上には断熱材を置く。溜まったブラインを注射器で吸い取り，サンプルのボトルに移し，研究室に持ち帰って，海氷のなかの溶存ガス濃度などを測定するのである。

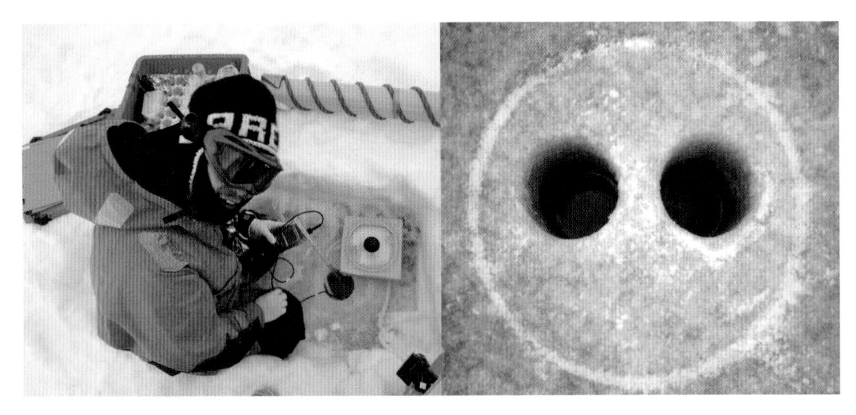

海氷中ブライン採取の様子
（M. Granskog 氏撮影）

アイスコアラーであけた穴に
たまるブライン（筆者撮影）

観測中のけが

「けがだけはしないようにね」「元気でね」といつも出発の前に言ってくれる方々には感謝しているのだが，残念ながら私はよく観測でけがをする。足を縫ったり，骨折する程度で，命に関わるほどではなかったことが不幸中の幸いだ。理由を考えてみると，イライラ，焦り，疲れが重なったときにけがをしている気がする。

どの研究もそうであるが，なかなか観測は思いどおりにならないためストレスがたまる（逆に日頃のストレスから解放されることに味を占めて，船にばかり乗りたがる人もいるが）。天候による観測のキャンセル，現場へ来たのに氷がない，海外の船の美味しいけれど毎日はつらい食生活，ドライシップ（お酒が飲めない），湯船がない，言葉・想いがうまく通じない，文化が違うなど，辛くてイライラすることが何かと多い。できるときに観測しておかないと次はいつできるかわからないという焦りもある。何か月も観測に出たのに，まったくデータを取れないことも多々ある。そして寒さによる，あるいは精神的・肉体的な疲れである。スキーに行った帰りの車で感じる疲れに似ているが，あの 5 倍ぐらいだろうか（根拠はないが）。私はある理由でスキーが嫌いになったのだが，観測のたびに疲れでスキーを思い出してしまう。普段，研究室まで楽して通勤し，コーヒーを片手にパソコンのキーボートをたたく程度のことしかしていないため，いざ観測に行くと，普段の訓練不足がたたって，すぐに疲れてしまうのだ。

このようにいろいろな要因が重なって起きるけがであるが，程度によっては観測自体をストップさせ，多くの人に迷惑をかける。かなり落ち込む。みなさんは気をつけてほしい。「イライラしない，焦らない，疲れない」といつも心のなかで唱えることが必要だ。

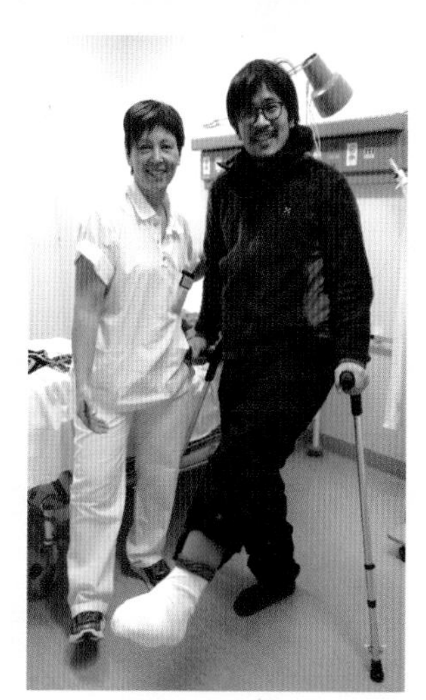

北極海での観測時に骨折し，ヘリでスバールバル諸島の病院に運ばれ治療を受けた（撮影：病院の方）

7
極域研究者が大好きなポリニヤとは？

南極や北極の海であればどこでも高密度水の下降流が生まれるわけではない。海面が氷で隙間なく埋め尽くされると，海水は冷たい空気と接しないので，海氷の生成速度は落ち，下方へ徐々に成長するだけである。海水が冷たい空気に接触してはじめて，海氷が次々と生成され，高密度水の大きな下降流が生まれる。このように，海氷域のうち海面が大気に露出しているところをポリニヤと呼ぶ（ポリニ“ア”と書く人もいるが，日本のコミュニティーでは“ア”でなくて“ヤ”を使おうということになっている。みなさん気をつけましょう）。

南極海のポリニヤ?!（S. Hendricks 氏撮影）

ポリニヤがある場所は南極や北極でも限られている。生成されたばかりの海氷が風や海流によって次々と沖へ運ばれ，つねに新しい海氷が多く生産される沿岸ポリニヤについては，ここ 10 年ほど北海道大学，東京海洋大学，国立極地研究所の研究者によって南極のポリニヤでの集中観測が実施され，注目を集めている。私もその人気に乗っかって，ポリニヤ！ ポリニヤ！ と唱えながら学生と研究を進めているのである。

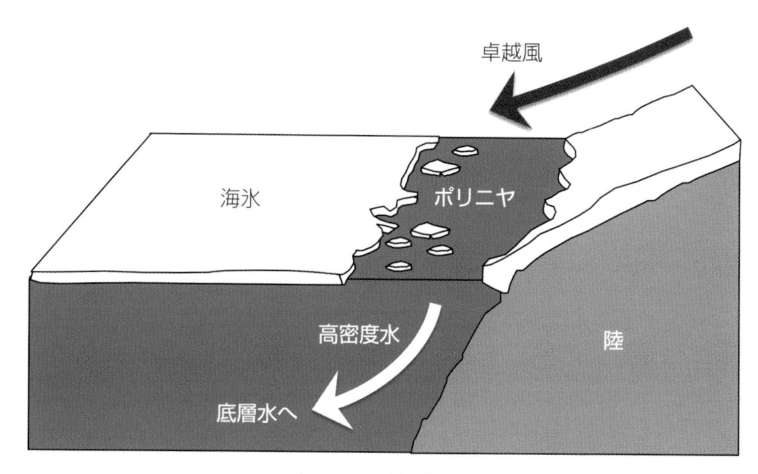

ポリニヤ形成の模式図

南極海での儀式

南極航海中には，初めて南極に来た研究者や乗組員に対して行われる通過儀礼がある。この儀式のやりかたは船によって異なる。半日で終わらせるものもあれば１～２日かけるときもある。研究者や乗組員の士気や団結心を高めるため，また航海中は娯楽が少ないことからレクリエーションとしての側面もあるようだ。

私はオーストラリアとドイツの船で経験した。ネプチューン（海の神）に仮装した研究者から洗礼を受ける。海賊に仮装した研究者は，生魚をくわえさせられ，頭から小麦粉をかけられたり，魚の内臓を混ぜたものをかけられたりとたいへんである。この洗礼を受ければ一人前として南極観測研究の仲間入り？ これであなたも南極人？

南極に来た研究者や乗組員に対して行われる通過儀礼（筆者撮影）

8
海氷の生成と炭素循環

近年，人類が排出した二酸化炭素（CO_2）が大気中に蓄積して，温室効果が促進されている。海洋は表層で大気と CO_2 を交換しているので，表層水が深層に沈み込めば，人為起源の CO_2 が海洋の内部に隔離されることになる。そのため海洋は地球温暖化の進行を抑制する働きを持つと考えられている。この働きが顕著なのが，極域の海洋である。

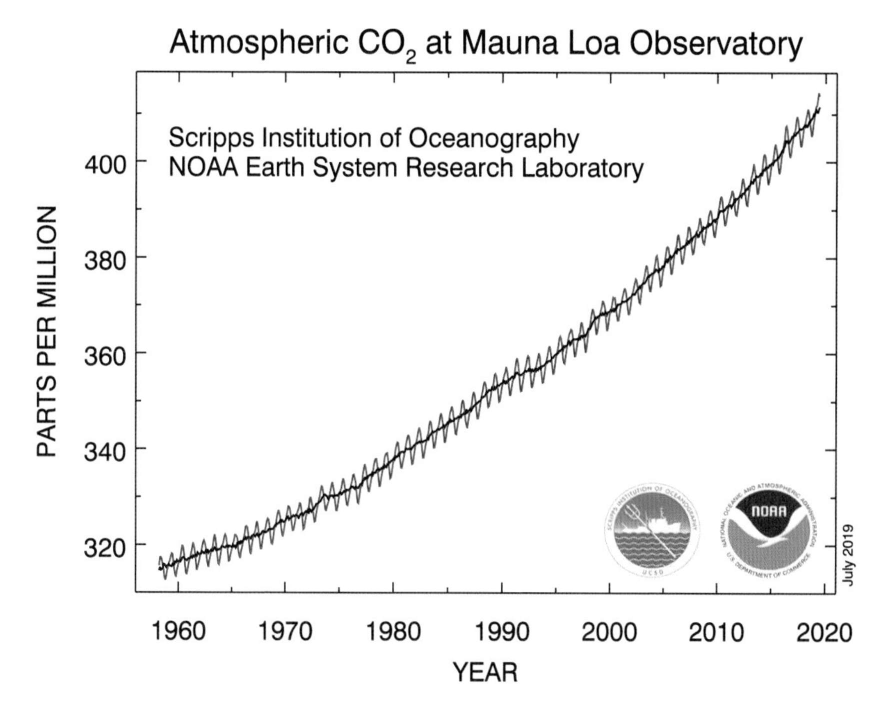

大気中の二酸化炭素濃度の増加傾向
（NOAAホームページより https://www.esrl.noaa.gov/gmd/ccgg/trends/）

極域の冷たい海水は，気体の溶解度が大きいため（気体を海水中に溶かす能力は，水温が低いほど大きくなる），大気中の CO_2 を吸収しやすい。みなさん，冷えていないコーラ（大人の方はビールでも OK）の栓をプシュッと開けてしまい，なかから泡とともに大量のコーラが出てきてしまった経験があるはずだ。しかし，しっかり冷やしたものならそんなことは起きない。これは，コーラなどの液体は温度が低ければ低いほど，そのなかに炭酸ガスなどの気体をたくさん溶かすことができるからである。つまり，温度が低い極域の海水は，CO_2 を溶け込ませる能力が大きいのである。

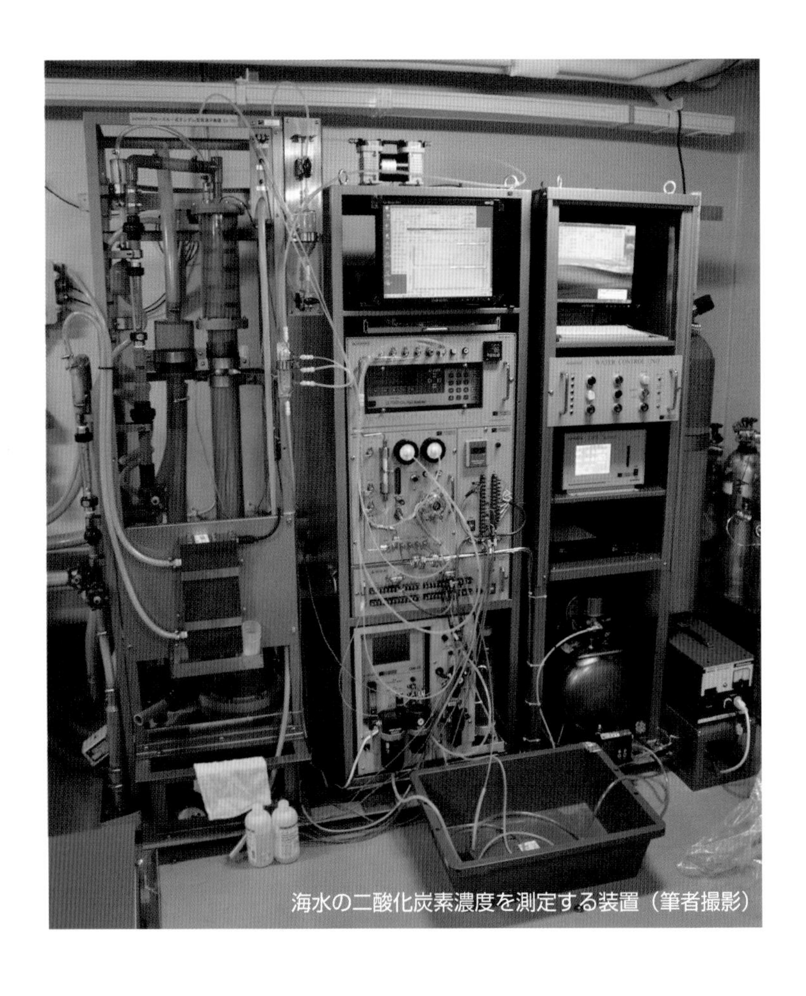

海水の二酸化炭素濃度を測定する装置（筆者撮影）

ここで，海がどのくらい大気から二酸化炭素を吸収しているのかを評価する方法について簡単に説明する。二酸化炭素の吸収は海の表面で起きているので，海の表面の水の CO_2 濃度を測定する必要がある。そのために，海水を船底からポンプで連続的に汲み上げ，船内に引き込んで測定するのである。そして，海水に接している大気の二酸化炭素濃度も測定し，濃度を比べることによって，二酸化炭素の交換量を知ることができる。

海はいつでもどこでも大気から二酸化炭素を吸収しているわけではなく，場所や時期によっては，海の二酸化炭素濃度が大気よりも高くなり，二酸化炭素を海から大気へ放出することもある。そのため，なるべく頻繁に，そしていろんなところで測定する必要がある。最近では，貿易船に二酸化炭素測定装置を搭載し，多くのデータを集めるなどの工夫がなされている。

ただ，海が凍るような極域では，砕氷船が砕いた氷が吸い口に詰まってしまい，氷の下の海水を連続的に採取できないなどの問題がある。海氷域での二酸化炭素濃度測定は難しいのである。

海水が結氷すると高塩分水（ブライン）が海氷下へ排出される。ブラインは周囲の海水と混合しながら，大きな下降流となって深層まで潜り込む。南極で発生する高密度の下降流は海底まで達し，海洋大循環のポンプの役割を果たすのである。このように，海氷生成に由来する高密度水は，大気中の CO_2 を効率良く海洋の深層に輸送・隔離すると考えられている。

氷上観測中トイレ事情

歳を重ねてきたためか，最近はすぐにトイレに行きたくなってしまう。しかし，海氷の上は開けた氷野となっており，用を足すとなれば周りの観測者から丸見えである。恥ずかしい。しかたなく隠れて用を足すにしても，ごつい防寒具を身に着けているのでなかなかたいへんである。出したら出したで寒い。

9
氷の主：アイスアルジ

海氷に付着した珪藻類をアイスアルジ（ice-algae）と総称する。海氷内や海氷の底部にはアイスアルジが繁茂し，動物プランクトンや魚類につながる海氷生態系をつくり出している。

海氷内部に存在するアイスアルジはブラインに残された栄養塩類を利用して成長すると考えられる。そのため，海氷内部では栄養塩が制限され，アイスアルジの増殖は頭打ちになってしまうだろう。一方，海氷の底部は新鮮な海水と触れ合うので，栄養塩がつねに供給される。底部まで太陽光が届けば，アイスアルジ成長のホットスポットとなる。

氷のない普通の海では，春になって冬季鉛直対流が弱まり，混合層内で鉛直一様に光環境が良くなってから珪藻ブルームが起こる。しかしアイスアルジは，太陽の光の 1 パーセントでも安定して受けられれば増殖することができる。

海氷の底面で繁茂するアイスアルジ（S. Hendricks 氏撮影）

海氷の表面は真白で，生物の存在を想像すらできない。しかし，横倒しになった海氷の底面を見ると，緑や茶色などのアイスアルジが増殖しているのが確認される。動物プランクトンにとっては，美味しい餌が海氷の底部に密集しているのだから好都合である。

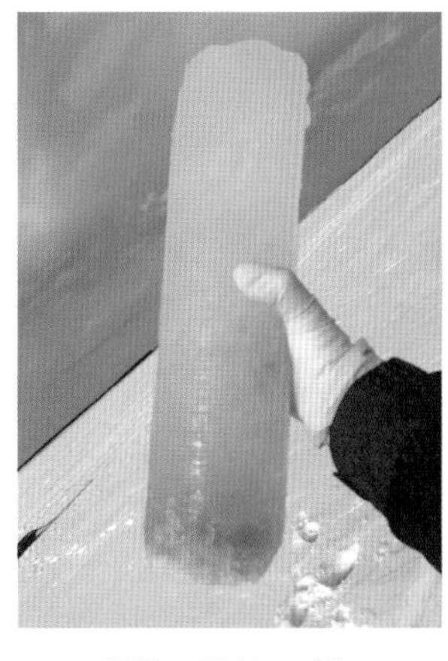

海氷コアサンプル
（P. Wongpang 氏撮影）

海氷下の動物プランクトン
（筆者撮影）

南極海のペンギン（S. Hendricks 氏撮影）

北極海のホッキョクグマ（筆者撮影）

このように，極域の春先の日光はまだ弱々しいが，微弱な光を最大限に利用してアイスアルジの増殖が起こる。海氷が融解してからは，アイスアルジが取り残した栄養塩を利用して通常の珪藻ブルームが起こる。海氷が融解した直後に起こるので氷縁ブルームと呼ばれる。

極域では，海氷のなかに棲むアイスアルジを起点とした海氷生態系が成り立っている。海氷の底面に付着したアイスアルジを食べに来る動物プランクトン，それを食べに来る鳥や魚，さらにそれを食べに来るアザラシなど。そして北極の海では，頂点にホッキョクグマが君臨する。このように極域に存在する海氷は，そこに棲む生物，動物にとって重要な役割を果たしているのである。

10
北極海から氷がなくなる?!

「北極海から氷がなくなる？！」。近年，よく耳にする言葉である。私がこの業界にいるからよく聞くだけかもしれないが，テレビやインターネットなどで，北極海から氷がなくなり，そこに棲むホッキョクグマが生きていけなくなる？！ といった報道を見たことがある人も多いのではないか。結論から言うと，北極海の氷が融けて減っているのは事実である。この問題は，科学の分野ではもちろんだが，政治・経済面においても，近年，関心を集めている。北極海の海氷減少は，新たな商業航路の開拓，北極海での油田掘削，北極海沿岸諸国による領域権の拡大要求など，影響が非常に大きいからだ。

北極海などの極域は，近年の地球温暖化の影響が最も強く現れる地域の一つであり，早急な原因究明が必要とされる重要な研究対象地域である。たとえば，海氷が減少することによって，太陽の光が氷の間から降り注ぎ，海洋表面で吸収される太陽エネルギーが増加し，海氷がさらに融けるという連鎖反応が，一層海氷量の減少を加速するのである。そして，密度が低い融け水が海洋表層に滞ることによって，海洋循環が弱化し，極域における熱輸送に大きな影響を与える可能性がある。また，ホッキョクグマやアザラシなど，海氷上を生活の拠点とする動物にとって，海氷の減少は，生命の存続にかかわる重大な問題になるであろう。

北極海では，海氷の面積が減っているだけでなく，氷の厚さも減少している。氷が薄くなれば，太陽光が海氷の下まで達する。すると，海氷の下の水温が上昇し，より海氷底面からの融解が進む。また，海氷が厚いときは光不足で海氷の下で増えることができなかった植物プランクトンの生産が増える。これは，氷の下で起きるブルームなのでアンダーアイスブルームと言われている。このように，海氷環境が変化することによって海氷近辺での基礎生産が増加し，そ

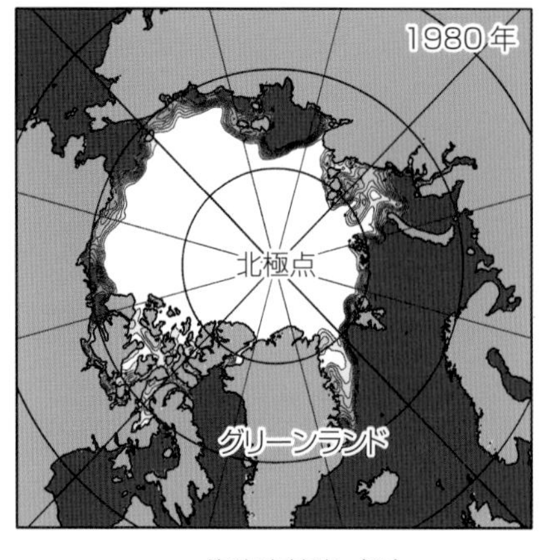

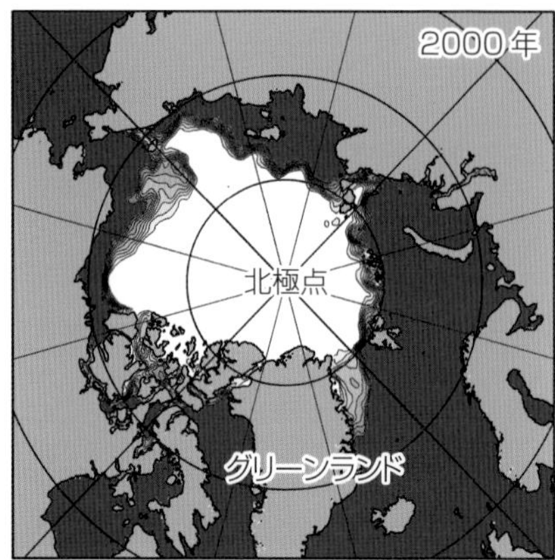

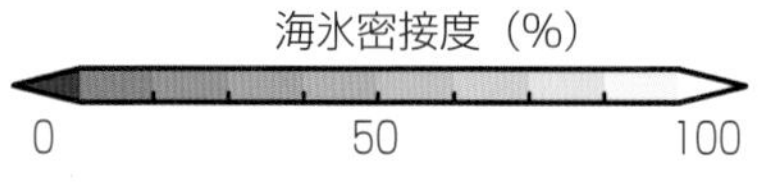

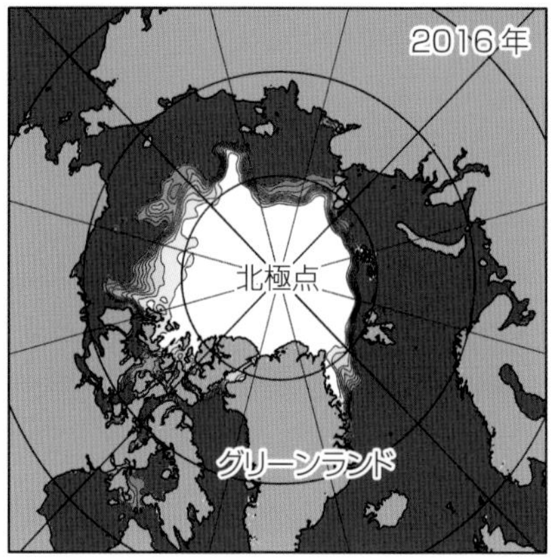

衛星によって得られた，北極点を中心として上から見たときの海氷の分布。海氷密接度とは，ある空間において海氷がどれだけの面積を占めるかを示す指標である。海氷密接度50％の場合，その空間の面積の半分が海氷によって占められている。左上は1980年，右上は2000年，右下は2016年の同時期（9月）の海氷分布である。明らかに海氷の面積が小さくなっている。
（国立極地研究所・柏瀬陽彦氏提供）

の結果，海洋表層の栄養塩や二酸化炭素濃度などの様子が変化し，物質循環過程に影響を及ぼすのである。

北極では海の氷だけでなく陸の氷も激減している。たとえば，グリーンランドでは，この数十年で氷床（降り積もった雪が固まって出来た巨大な氷の塊）がかなりの量，融けている。このように北極では，陸や海の氷の融解が急速に進行している。この融解現象は，固体から液体への相変化を通じて，体積変化，温度上昇，淡水・含有物の流出など，極域の環境に劇的な変化を招くことは確かである。

海氷や氷床などの雪氷の融解によって，海に淡水が供給される。その結果，海洋中の物質は薄められ，濃度は減少する（たとえば二酸化炭素濃度は大気よりも大幅に小さくなるときがある）。よって，海洋が大気中の CO_2 を吸収する能力は増加する。しかし，雪氷に含まれる大量の陸源物質や生物の遺骸が海洋表層に供給される場合，無機的な溶解，バクテリアによる分解，植物プランクトンへの取り込みなど，多くの過程を複雑に経由する。そして，その過程ごとに CO_2 が変化する。よって，海洋 CO_2 の変動や大気との CO_2 交換量を予測することは極めて困難である。また，現実問題として，これら氷（海氷や氷床など）の融解現象は，海面上昇，海洋循環，生物生産など，地球規模の環境変動に影響し，結果としてそこに住む人々や動物はもちろんのこと，農業や水産業など，私たちの生活に直接かかわってくる。詳細な原因究明や将来の予測・影響評価など，世界中の研究者によって，現在，急速に研究が進められている。

北極点の海氷（筆者撮影）

11
海氷は本当にただのお風呂のふたなのか？

海と大気の間でやり取りされる物質について一歩踏み込んでみる。いったん海面が海氷で覆い尽くされてしまうと，海氷の生成は鈍化する。また，大気と海洋間での気体交換も制限されてしまう。昔の研究では，海氷は，大気–海洋間の物質循環を妨げる“完璧な障壁”とみなされていた。この認識のもとに極域の海洋における CO_2 交換の研究が進められてきた。しかし，先に説明したように海氷にはブラインチャネルがあるため，物質の交換が起こりうることがわかってきた。つまり，海氷を気体交換の障壁とみなしてきた時代の CO_2 交換に関する全球データは，極域については空白状態だったといえる。これは，海氷域での海洋表層の二酸化炭素濃度を測定することが難しく，理解が進んでいなかったということ（8 節参照）も理由としてあげられる。

最近になって，海氷が形成される厳冬期に南極や北極の海に出向き，成長しつつある海氷上にチャンバーを設置して，海氷を介した CO_2 交換量を調べる観測が行われるようになった。ここでチャンバーについて少し解説する。次ページの写真に写っている鍋をひっくり返したような機器がチャンバーである。海氷の上に置いて一定期間内におけるチャンバー内の気体の濃度変化を測定することによって，海氷表面から気体が大気中へ出てきているのか，もしくは海氷表面で気体が海氷に吸収されているのかを評価することができるのだ。チャンバー内の空気を採取して，研究室へ持ち帰って気体濃度を測定するものから，自動的に蓋が開いたり閉まったりして気体の濃度を測定してくれるものまで，対象とする気体成分によっていろんな種類がある。

さまざまな場所や時期にこのチャンバーを使用した観測を実施したところ，海氷がない海域と同様に，海氷域においても気体（たとえば CO_2）交換が起きていることがわかった。海氷内にはブラインが存在するが，海氷の成長および融解段階においてブラインに溶存する気体成分の濃度が大きく変化するのである。寒い時期には，ブライン内の真水部分だけが凍るために，取り残されたブラインのなかに溶け込んでいる CO_2 濃度は高くなる。一方，海氷が融ける時期は，ブライン周りの純氷部分が融解し，ブラインチャネル内へ融解水が供給されて薄められるため CO_2 濃度が低くなる。このように，大気中の CO_2 濃度に対して海氷内の濃度が高くなったり低くなったりすることによって，海氷と大気の間で CO_2 の交換が起きるのである。海氷上での大気との CO_2 交換量は，海氷がない海域で得られた交換量に匹敵する結果が得られつつある。

また CO_2 以外の気体成分についても近年注目されている。たとえば，大気中のオゾン濃度の急激な減少に関与すると考えられている有機臭素ガス（とくにブロモホルム）である。このガスは，海氷表面での化学反応によって海氷内部で大量に生成され，大気に放出されている可能性が議論されている。このような海氷と大気の間で起こりうる物質循環に関する研究が新しい分野として進展している。

チャンバーによる海氷と大気間での気体交換量の測定。
左の 2 つは CO_2 用，中央はブロモホルム用（筆者撮影）

お風呂事情

日本の船では，ほとんどの場合お風呂（湯船にお湯が張られたもの）がある。観測の後，冷えきった体を温めるのに最高である。しかし，海外の船には基本的に湯船はない。ただし，無理やり大きな容器に海水を入れてスチームで沸かし，入ることもある。

海外の船ではサウナがある場合が多い。湯船がないとなれば，サウナに入れるチャンスがあれば毎日でも入りたい。私以上にフィンランド人はもっと入りたいようだ。あるドイツの砕氷船に乗ったときには，サウナにはいつもフィンランド人がいた。火照った体を冷ますために外の海へ，ということはさすがにできないので，サウナの隣にあるプールに飛び込む。そう，その船にはプールがあったのである。5×10 メートルくらいの大きさ，深さは1 メートルほどであるが，気持ちよかった。サウナの後のドイツビールがまたたまらない。

ノルウェーの「ランセ」で無理やりつくった湯船（P. Leopold 氏撮影）

12
氷上のお花畑

ある日の朝，船の周りが一面のお花畑になっていた。風が弱く，低温状況下で，海氷表面の水蒸気が霜となり海氷上に広がる“フロストフラワー”である。

海氷の表面に押し出されたブライン（表面ブラインという）が霜に染み込み，昇華作用によって塩が析出する。時に塩分が 200 を超える場合もある。海水の塩分の約 5 倍だ。もちろん食べると，ものすごくしょっぱい。

フロストフラワーは，新しく出来た海氷でのみ見られる。薄い氷は霜が出来やすく，表面ブラインに富んでいるためである。また，時間の経過とともに雪が降って見えなくなってしまう。なので，見られるチャンスはとても少ない。

南極海のお花畑のようなフロストフラワーをシャベルで採取（筆者撮影）

フロストフラワー（S. Hendricks 氏撮影）

たとえば船が通って出来た海水面がその晩に凍ると，翌朝，船の近くに見えたりする。とても貴重なサンプルとなる。

塩の析出は，海水中の溶存成分が濃縮することを意味する。また水分が昇華して抜き取られるので，粉っぽくなる。そのため，海塩が大気に飛散する。飛散した海塩は大気中の塵となり，オゾン層の破壊に影響する成分と反応するのではないかと考えられている。この課題はまだ検討が始まったばかりで，多くの研究者が取り組んでいるところである。

13
海に浮かぶ光反射パネル

海氷を見て気づくことは，色が「白い」ことである。物体が白いということは，入射した可視光のすべての波長を反射していることを意味する。雪や氷の表面に降り注いだ太陽光の大部分は反射されて，地球に熱を貯めることなく，宇宙空間へエネルギーを逃がしてしまう。この反射の割合はアルベドと呼ばれている。

地球全体の平均アルベドは 0.3 であるが（つまり太陽光の 70 パーセントが地球表面で吸収され，30 パーセントが大気へ反射される），「白い」雪と氷に覆われている寒冷域はアルベドが高い（1 に近い）。海氷は，広大な海に浮かぶ巨大な光反射パネルとして働いているのだ。当然，反射パネルが大きくなれば，

北極海の海氷上に降り積もった雪
（筆者撮影）

北極海のリードと大気間での
気体交換量測定（筆者撮影）

地球全体のアルベドが高くなり地球は冷えるし，パネルが小さくなれば暖かくなる。さらに，海氷の反射パネルがないと，海洋に入射した光がほぼ 100 パーセント吸収されて，海水を温めることになる。

近年，北極では夏の海氷減少が急速に進んでいる。すると，太陽光が海洋の内部へ貫入し，海氷の融解が促進される。こうして氷の融解を加速させる負の連鎖をアイスアルベドフィードバック効果という。この連鎖が気候の変動に大きな影響を与えることが近年の研究によって明らかになりつつある。

海氷は白いと述べたが，ほとんどの場合，海氷の上には雪が積もっている。この雪がアルベドに対して重要である。実際に北極でアルベドを測定してみると，新雪（降ったばかりの雪）の値は約 0.9，融けつつある雪の値は約 0.8，雪のない海氷の値は約 0.5 というように，雪は太陽光を反射する能力が大きいことがわかる。ただ，北極海など人が住む場所や陸が近い海域では，大気からススなどの黒い物質が雪の上に降り注ぎ，太陽光が吸収され，表面の雪を融かしてしまうこともある。

海氷上の積雪は大気と海氷の間の熱の輸送にも大きく影響する。積雪が断熱材として働くのである。通常は，大気温度が低いために海氷から大気へ熱が奪われ，海氷がどんどん下へ成長していく。しかし，積雪が断熱材として働くため，海氷から大気へ熱が奪われにくくなり，氷の成長が遅くなる。すると，しっかりとした海氷が出来づらくなってしまう。海氷を採取する際には，海氷の上に大量に積もった雪をスコップでどかさなくてはならないので，どちらかといえば私にとっては厄介者であるが，アルベドや熱輸送において海氷上の積雪はとても重要な役割を果たしているのである。

お酒事情

お酒がなくてはやってられない，というほどではないが，観測は２～３か月の長期戦になることが多いので，やはりお酒が飲みたくなる。ただし，船の場合，飲める船と飲めない船がある。たとえば，ノルウェーやオーストラリアの砕氷船は，基本的にはお酒が飲めなかった（基本的にというのは，決して隠れて飲んでいたという意味ではない。パーティーなどでは少しだけお酒が飲めたということ）。一方で，ドイツの船にはバーがあり，２日に１回ほどのペースで店が開いた。薄暗く，そして爆音のなか，深夜まで酒を呑み，楽しく過ごす。明くる日は，朝から極寒の海氷上で作業をする。何ともクレイジーな環境である。

ドイツビール（筆者撮影）

14
氷上のオアシス：メルトポンド

夏季になると海氷の表面は気温の上昇や太陽光の影響によって融ける。すると海氷の上にあった雪なども一緒に融けて水たまりができる。この水たまりをメルトポンドという。メルトポンドでは，アルベドが雪や氷の表面よりも低くなる（アルベド値は約 0.2 から 0.3 ほど）。メルトポンドは熱を吸収し，その熱は周りの氷を融かすことに使われ，どんどんメルトポンドが大きくなっていく。

メルトポンドは美しい。私は大好きである。メルトポンドの水はしょっぱくない。さらに，メルトポンドのなかに藻類が繁茂することもある。これはまさしく氷上のオアシスではないか。夏季の観測で汗だくになったとき，渇いた喉

北極海メルトポンドの温度および塩分の測定（筆者撮影）

北極海メルトポンドでの採水（筆者撮影）

を潤すのに絶好である（とはいえ，あまりきれいな水ではなさそうなので，味見程度にしておくのがいい）。

ただ，メルトポンドはどんどん成長を続け，そのうち海氷の下の海とつながる。そうなると塩辛くなり，底なし池と化す。夜間に冷えて表面が凍り，その上に雪でも降ってしまうと，メルトポンドとそうでない部分の見分けがつかなくなる。気付かずに，はまってしまう人も多数（私もそのうちの一人である）。みなさん，メルトポンドには，くれぐれも気をつけましょう。

メガネ問題

私は筋金入りのメガネっ子なのだが，寒いところではこのメガネが問題になる。鼻が凍らないように目出し帽をすると，メガネがくもるのである。くもったメガネは凍る。すると悲しいほど見えなくなってしまう。

そんな経験から，30歳を過ぎてコンタクトデビューをした（うそ。実は高校生のときに一瞬だけ経験した）。ただし，ときどきコンタクトも凍りそうになる（表面が硬くなる感じ）。まつげがつらら状態になるときもある。では，スキーなどでよく使用するゴーグルをしたらどうか。メガネをしながらできるゴーグルも売っている。しかし，張り切って汗をかくと，ゴーグルの内側もメガネもくもってしまう。最近では，くもりをなくすために，換気扇のようなプロペラでゴーグル内の空気を入れ換えるものもある。これは便利だと購入した。しかし，寒すぎるとプロペラを回すモーターの調子が悪くなってしまう。やはり，コンタクトしかないのだろうか……

つらら状態のまつげ（J. Wallenschus 氏撮影）

15
怖い，でも面白いクラックやリード

海の流れ，風，砕氷船の衝撃など，海氷にはいろいろな力が加わる。時には，その力に耐えきれなくなって氷が割れてしまうことがある。この割れ目をクラックと呼ぶ（世界気象機関がまとめた海氷用語集によると，幅が数センチから1メートルまでのものをクラックという）。氷の動きなどによって，あっという間に割れ目は広がる。そしてリードと呼ばれる，幅が1メートルから数キロもある水路ができてしまう。

うまく氷の上を渡って移動できればいいのだが，多分うまくいかないだろう。よって，観測中はクラックがあるところを可能な限り避けなくてはならない。しかし，雪に覆われると，どこにクラックがあるかわからないときがある。

北極海の海氷上にできたクラック（筆者撮影）

間違って足を踏み入れると長靴がびしょびしょになって悲しい。悲しいだけですめばいいが，危険なのは海に落ちることである。海氷の下に入り込んでしまったら終わりである。海流などで流されるため，二度と戻って来れないであろう。

そして，海氷に這(は)い上がるのが難しい。分厚い氷になればなるほど，水面と氷の表面の距離が大きくなる（氷の密度は 0.9 g·cm^{-3} なので，氷の厚さが 5 メートルであれば，水面から氷の表面までは 50 センチになる）。氷の上に雪が積もっているとさらに高くなる。濡れていると海氷の表面はツルツル滑る。水を吸って重くなった服もじゃまをする。

這い上がるには腰につけたアイスピックのようなものを使用する。ただ，本当に落ちてパニックになったら，果たしてそれを取り出すことができるのか不安だ。そして，氷のある海はマイナス 1.8 度である。大気は季節にもよるが，たいてい水温よりも低い。だから，たとえ這い上がることができたとしても，船が近くにない限り，寒さで凍えてしまう。

私が参加した 2013 年の南極での氷上観測中，突然クラックが発生し，クラックの向こう側に取り残された研究者を小舟で救出する緊迫した状況となっ

クラックに囲まれてしまった（筆者撮影）

北極海のクラック内から
植物プランクトンのサンプルを採取（筆者撮影）

たことがある。しかし，ドイツ船の乗組員の方は慣れているようで，楽しそうに救出作業をしているのを見たときは，いろんな意味で，この人たちにはかなわないなと思った。

クラックの出現は科学的に非常に面白い。それまで氷が張っていたところが突如として大気に晒されるのである。熱や気体の交換が活発に起きる。海に蓄えられた熱が極寒の大気へ放出されるので，しばしば湯気が出る。また，氷の下に溜まった二酸化炭素やメタンなどが大気へ放出されるので，物質循環の観点からも，クラックが出来ること，そしてその後リードになることは重要である。

さらに，割れ目が出来ることによって，海氷下に棲む植物プランクトンの光環境が劇的に変化する。雪の積もった海氷に遮られていた光が海氷下まで差し込むことによって，植物プランクトンがクラックのなかに大発生することがある。

今後，極域の氷の量が少なくなり，よりいっそう風などで氷が動きやすくなり，クラックが出来る頻度が多くなると考えられるため，このクラック形成が物理，化学，生物に与える影響は大きくなっていくことが予想される。

寒さ対策

寒いところでの観測は非常に辛い。とくに，海水などを採取するときは，手が濡れてしまうと途端に凍りつく。もちろん化学成分を採取する場合は薄いゴム手袋をする（二重にすると少し暖かい）が，その下にさらに薄いインナーの手袋をする。それでも，観測に興奮し，張り切って汗をかいて湿ってくると終わりである。

船の縁で採水をする程度であれば少々寒くても我慢できる。すぐに暖かい部屋のなかに入ってお湯に手を入れればいいのだ。しかし，極域の氷の上で作業をする際は避難する場所などない。そんなときはカイロを大量に準備する。採水以外のときはダウンミトンをする。ただし，作業はしづらくなる。そして張り切ると汗をかき，体が一気に冷え込む。

だから，私はいつも「汗をかいてはいけない」と心のなかで唱えながら観測をしている。凍傷になってしまうのを避けるためだけでなく，寒くなると判断能力が落ちて，危険が伴うからである。

寒さのなかでの観測（S. Hendricks 氏撮影）

16
氷は物質の輸送船

海氷は長期間，大気と海洋の間にとどまる。極域では少なくとも半年は大気と接している。このため，大気から海洋へ沈着する物質を海氷が一時的に捕捉して，融解期にまとめて海洋の表層に供給する効果が注目されている。とくに北半球では，人間活動の影響によって大気が汚れているので，大気ダストに含まれる鉄分や硝酸が海氷に沈着し，春先に融解して珪藻ブルームを促進する可能性が指摘されている。

沿岸域で海氷が生成されると，ブラインが降下することにより，海氷下で顕著な対流が起こる。鉛直対流により海洋堆積物が巻き上げられ，その懸濁物を

オホーツク海南部で出くわした汚れた氷（筆者撮影）

南極海の海洋表面を漂う汚れた海氷（S. Hendricks 氏撮影）

含んだ海水が海氷上に打ち上がれば，多孔質のブラインチャネルがフィルターの役割を果たす。海氷の化学成分を調べると，鉄分など鉱物成分が濃縮されていることがある。海洋堆積物由来の鉱物成分を捕捉した海氷が沖合に流され，外洋で春を迎えれば，外洋の表層に鉄分を供給することになる。

このように，大気と海洋からいろいろな物質を内部に溜め込んだ海氷は，時には風や海流まかせで大量に遠方まで流され，最終的に融解する。つまり，海氷がなければ起こりえない物質の輸送が発生する。海氷は，物質輸送船として非常に大きい役割を果たしているのである。

17
海氷はお魚を呼ぶ？

海が氷で覆われると，魚が獲れなくなってしまう。海で漁をしている漁師さんにとっては死活問題である。一方，知床などをテーマにしたテレビ番組で，「海氷は栄養を運び，お魚を連れてくる」などと言っているのをよく見る。本当なの？

海氷の生成によって，高塩分水であるブラインが海氷下に吐き出され，重い水がつくられる。水が下に供給された分，海のなかから水が持ち上げられる。また，海水が上から冷やされることによって生じる鉛直的な水の動きも，海底の栄養豊富な水を海洋の表層に運ぶ役目を果たす。よって，氷が出来るような寒い海は栄養に富むのである。そういう意味では，栄養を食べて増える植物プランクトンを求めて，動物プランクトン，そして魚が集まってくることは想像できる。

南極昭和基地付近で釣れたボウズハゲギス（筆者撮影）

アイスコアラーであけた穴から
植物プランクトンのサンプルを採取
（筆者撮影）

では，海氷自体の栄養状態はどうか？ 海氷は物質輸送船として，いろいろなものをその内部に集積し，移動し，そして融ける。それによって，海洋の表層に栄養を供給する。しかし，すべての海氷がいろいろなものを含んでいるわけではない。とくに南極のように陸から離れ，人間の活動が及びにくく，大気ダストが少ないところでは，大気からの降下物がほとんどない。このため，海氷が融けると，かえって海洋表層の栄養を薄めることになる。つまり，植物プランクトンが食べる栄養が海氷の融解によって少なくなってしまうのである。

本当に「海氷は栄養を運び，お魚を連れてくる」と言えるのだろうか？ この謎を探るため，北海道大学低温科学研究所は海上保安庁との共同研究として，真冬のオホーツク海での調査を毎年行っている。果たして結論は出るのか？

海氷観測と動物

海氷観測をしていると，どこから来るのかわからないが，いろいろな動物が近づいてくる。南極の場合，最も近くまで来るのがペンギンである。何ペンギンなのかわからないが，大きいものや小さいもの，さまざまである。観測機材をつついたり，糞をしていく不届きものもいる。一通り様子を伺い，飽きたらいなくなってしまう。

空からの訪問者もいる。鳥である。釣りをしていると勘違いして，おこぼれの魚が目的で近づいてくるのかもしれない。

もちろん海からの訪問者もある。氷の割れ目で息をするために出てくるクジラだ。南極昭和基地付近で海氷に大きな穴を開けて，測器を入れて観測をしようとしたときは，「何か音がするな」と思ったら，穴から顔を出したアザラシがじっとこちらを見ていた。「おい，その穴は，これから海洋観測をする穴だ。あっちに行け!」と叫んだところで通じるはずもない。本来ならかわいい動物たちであるが，こんなときばかりは少々憎たらしいのである。

海氷観測時に出合う動物たち（S. Hendricks 氏撮影）

18
氷のなかのダイヤモンドを探せ！

極域の海洋での炭素循環過程において，イカイトが注目されつつある。イカイトは，炭酸カルシウムの 6 水和塩（$CaCO_3 \cdot 6H_2O$）の結晶であり，自然界では主に海底湧水や海底地層などの低温環境下に存在する。結晶が美しいので，海氷内のダイヤモンドと称されることがある。

近年，南極海の海氷内からイカイトが発見された。海氷内にイカイト粒子が存在することは，ブライン中の溶存炭酸成分が結晶化して成長したことを意味

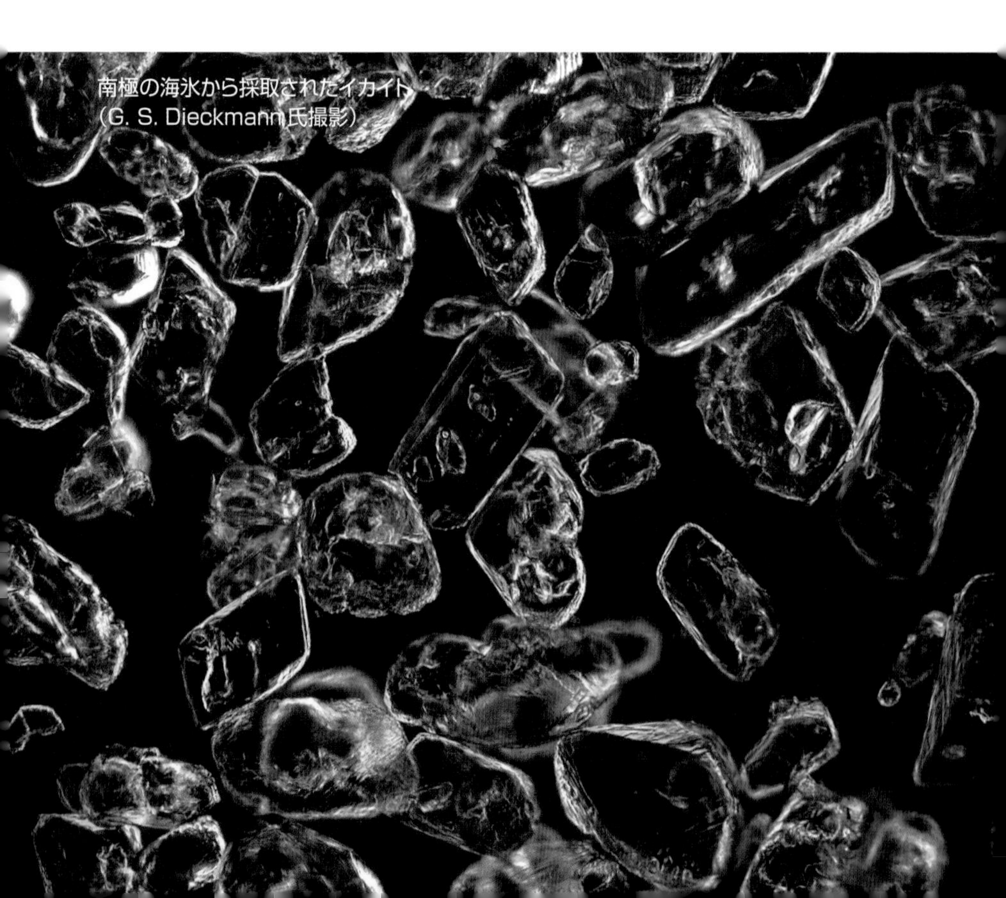

南極の海氷から採取されたイカイト
（G. S. Dieckmann 氏撮影）

イギリス・イーストアングリア大学の海氷生成水槽での
イカイト結晶の析出実験（筆者撮影）

する。海氷が融解すると，イカイトの粒子は海氷から放たれ，徐々に溶解しながら沈んでいく。粒子が十分に大きければ海底まで達する。したがって，海氷内でのイカイト生成は，大気から海洋内部への CO_2 隔離を促進する，地球の炭素循環過程の一つとして注目されつつあるのだ。

私も氷のなかのダイヤモンドを求め，いろいろな氷を採取してチェックしているが，なかなか見つからない。イカイトが出来るには，いろいろな条件があるようなのだ（たとえば pH とか）。我々の研究室では，その謎を探るべく，低温室を使ってさまざまな条件で海氷を作成し，イカイトの析出実験を行っているのである。

19 初めての長期北極海観測

2015 年に北極海の海氷のなかに船をとめて，半年間，海氷が流れるままに移動しながら研究をするという壮大でチャレンジングな計画に携わることができた。本計画は，ノルウェー環境省の中核機関として主に北極地域の大気・海洋・雪氷研究，環境監視，地図作製などを実施するノルウェー極地研究所が主体となり 2015 年 1 月から 6 月に実施された。

ノルウェーは，北極圏の研究をする上で地理的環境において非常に有利となるため多くの研究機関が存在する。さらに北極評議会（Arctic Council）の常設事務局が存在するなど，ノルウェーは北極研究の中枢となっている。

現在，北極航路の開拓など，ノルウェーでは北極事業が盛んに行われている。たとえば，海氷の分布状況や氷の厚さを調べることは，貨物船の運航や油田施設の設営場所の選定に直結する。このようなことから，豊富な研究予算のもとで雪氷観測・研究が実施されている。

私はこのノルウェー極地研究所にポスドク時代に 2 年間滞在し，研究に没頭することができた。ただ，ノルウェーの物価はものすごく高く，酒好きな家族にとって少々？ 厳しいものとなった。

今回の計画は，ノルウェーの探検家であるフリチョフ・ナンセンが実施したフラム号による北極海漂流観測（1893～1896 年）の現代版である。近年，北極海の海氷の減少・薄化によって，夏季も融けずに残っていた海氷（多年氷）から，夏季に融けてしまう氷（一年氷）への移行が報告されている。このことが北極海の物理・化学・生物環境にどう影響を与えているのか明らかにすることを最大の目的としている。

世界各国（カナダ，ドイツ，アメリカ，スウェーデン，フィンランド，イギリス，韓国，日本など）から，主に北極地域の大気・海洋・雪氷研究を専門とする約50名の研究者，大学院生，技術者が集結し，砕氷船「ランセ」に乗り込んで観測を実施した。半年間の航海は5つのピリオドに分けられた。私は第2ピリオドに参加した。この第2ピリオドは2015年2月から3月の厳冬期で，最も過酷な期間の観測となった。

第2ピリオドの参加メンバーは，2015年1月末にノルウェー領のスバールバル諸島ロングイヤービーンに集結した。航海に向けてのガイダンスと訓練を実施するためである。我々のピリオドは，一年のうちで最も気温が低くなる（マイナス40度）ということ，そして，まだ太陽が昇らない暗い時期（極夜）ということもあり，過酷な環境下での作業が予測されたため，念入りな訓練が実施された。たとえば，海に落ちたことを想定し，氷上に開けたプールに飛び込んで水のなかから海氷上に這い上がる訓練もあった。

北極圏での野外観測でとくに気をつけなければいけないのは，ホッキョクグマの存在である。ライフルをつねに持ち歩きながら観測をし，身を守らなくてはならない。我々研究者は観測に集中するあまり周りの監視がおろそかになってしまう。そのため，ホッキョクグマ監視役を各観測グループに配置して氷上での観測を実施した。そのため，ライフルの取り扱いに関する訓練にじっくり

北極海の海氷に停泊中の砕氷船「ランセ」
（P. Dodd 氏撮影／Norwegian Polar Institute 提供）

ホッキョクグマの監視役（ライフルとフレアガンを常備）
（F. Lamo 氏撮影／Norwegian Polar Institute 提供）

時間をかけた。

訓練もして準備も整ったということで，いよいよ観測である。第1ピリオドから観測はすでに始まっているため，「ランセ」は北極海の氷のなかに停泊していた。よって，観測点にはヘリを使って移動した。同時に，観測研究者の入れ替え，物資補給を行った。現場は海氷に覆われ，暗く，静かであった。いよいよここでの約2か月に及ぶサバイバル観測の開始である。

氷上に観測装置を設置して，さまざまなデータを採取した。また，コアラーと呼ばれるドリルで円柱状の海氷のサンプルを採取した（ボウリングをイメージするとわかりやすい）。採取した海氷サンプルは，融かして，その後のいろいろな化学成分の分析のために瓶などに詰めた。

また，大気・海洋の観測も同時に実施された。観測期間中，装置がちゃんと動いているかなどのチェックが欠かせない。低温環境下では電池関係は直ぐに駄目になってしまう。吹雪により装置に雪が入ってしまうトラブルも続出した。さらに，夜間の氷上作業がないうちにホッキョクグマが海氷上に設置してある装置を遊び道具と思い込み，突いたり，噛んだりなどの悪さをするため，装置がストップしたり修理が必要になることも多かった。

もちろん日によるが，とにかく寒かった。いくら気温が低くても風がなければ随分と作業が楽であったが，風が吹くと一気に熱を奪われる。よって体感温度が実際の気温よりも低くなる。吐息で頬のあたりが真っ白になることもよくあり，凍傷の危険もあった。また，海水などを採取すると手が濡れてしまう。濡れると一気に凍るために手がかじかんでしまい，野外での作業が難しくなった。

このような厳しい環境で，ホッキョクグマの監視役などを務めながらの緊張

GPS 搭載の観測機器で遊ぶホッキョクグマ
（M. Porcires 氏撮影／Norwegian Polar Institute 提供）

寒いはずの屋外で，なぜかＴシャツで撮影した集合写真
(Norwegian Polar Institute 提供)

感のなか，約２か月の観測を実施した。この観測はその後のピリオドでも３か月以上続き，半年間の壮大な観測をやり遂げた。

過去，多くの研究者によって北極海で観測がなされてきたが，基本的には海氷が融け，明るくて暖かい時期に集中していた。つまり夏の時期のデータに偏っていた。そうしたなか，今回，これまでほとんどなかった貴重な厳冬期のデータを得た。厳冬期から海氷が融解するにつれてどう環境が変化するかについて長期的な一連のデータを得られたことは，この上ない収穫である。そして，世界から集まった多くの研究者，学生，技術者との研究生活は，私にとってかけがえのない貴重な体験となった。

観測メンバー

南極や北極の観測に参加するメンバーはどのように選ばれているのか? 私には実際のところはわからない。たとえば，以前参加したドイツ砕氷船による南極航海のときは，航海があるという情報を得て，その航海を主催するドイツの研究者に何度もお願いをし（もちろん計画書や予想される成果などを示す），乗船することができた。

通常，観測船はベッド数が限られているので，少ない乗船メンバーで多くの観測項目をこなさなくてはならない。海の観測といっても多岐にわたる。海洋や海氷を専門としている研究者だけでなく，大気を研究する人もいる。海氷研究者だけでも物理，生物，化学など，ありとあらゆる分野に分かれている。それぞれの分野の研究者がそれぞれのミッションを抱えて乗船してくるのだ。

準備にかかった時間，予算などはそれぞれ異なるが，時間を分け合いながら観測がうまくいくように十分な調整がなされる。時には観測の順番や時間配分などの調整がうまくいかず，衝突するときもある。それぞれの国を代表して参加しているということ，そして研究者も生活がかかっているので，みんな本気である。しかし，何か月も同じ船に乗り，食事やお酒を分け合ったメンバーは仲間となる。

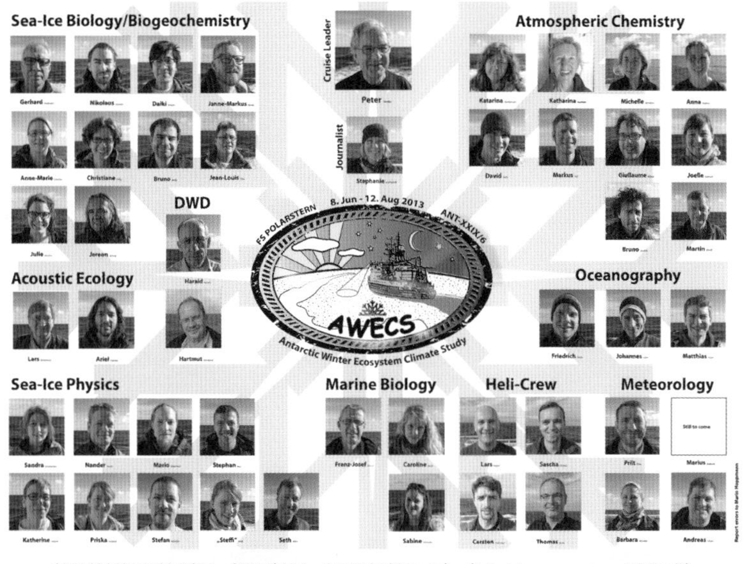

観測航海の顔ぶれ（選ばれし？研究者たち）（M. Hoppmann 氏作成）

20
グリーンランドへ

2017年夏に，私は北海道大学低温科学研究所の研究チームに同行し，グリーンランド北部沿岸域での海洋調査を実施する機会を得た。グリーンランドでは氷床融解が進行しており，融け水は海洋に供給される。この融け水が海洋表層の海洋環境・生態系に与える影響を評価することを目的として観測を実施した。

グリーンランドの空港にあった各場所までの距離（飛行機でかかる時間）が書かれた標識。北極点までは３時間ちょっとで着いてしまう。（筆者撮影）

グリーンランド（人口5.6万人，デンマーク自治領，面積は日本の5.7倍）は，日本から遠く離れた北大西洋と北極海の間に存在する巨大な島である。我々海洋観測チームは７月半ばに日本からコペンハーゲンを経由して，カンゲルルスアークというグリーンランドのハブ空港に到着した。当然のことながら日本からは遠いが，北極点には近い場所である。そして我々が目指すグリーンランドの北西部カナックへは，小型の飛行機を何度か乗り継ぎ，函館出発３日後にやっと到着した。飛行機を降りた途端，あれ？ という印象を受けた。グ

グリーンランド北西部のカナック空港駐機場の様子。滑走路はもちろん未舗装。（筆者撮影）

リーンランドは，氷に覆われた陸というイメージを持っていたが，氷が見当たらない。私は氷の研究をしていることもあり，いつも陸には雪があり，海は凍っている寒い時期に観測をしていた。しかし，今回は，氷の融ける影響を評価するための観測で，夏季であるため，空港の周りには雪や氷はない，ということに到着してから気づいたのであった。

観測の拠点となるカナック地域には600人ほどが住み，海岸から山の斜面にかけて家が並ぶ。この地域は歴史的に北極探検との関係が深い。1978年に世界初の単独北極点到達を達成した植村直己は，1970年代にカナック地域を訪れ，犬ぞりなどの技術を習得した。私が訪れた際も，いたるところに犬がおり，冬季の移動手段として犬ぞりがいまも使われていることを実感した。また，植村と同時期にこの地域を訪れ，日本人で最初に北極点に到達したグループの一人である大島育雄は，現在もこの地域に住んでいる。今回，滞在した宿泊施設や観測のための小型ボートは，大島さんの娘（大島トク）によって用意された。カナックに住む人々は日本人と見た目が非常に似ており，日本から遠く離れた場所に来ているということを忘れてしまうほどであった。

カナックの犬の親子。基本的には人を噛まない。(筆者撮影)

カナックの子供たち。日本のお菓子に興味津々。(筆者撮影)

いよいよ観測である。小型ボートに乗って観測地点まで，海に浮かんだ氷山（陸の氷が海に流れ出したもの）を避けながら移動する。観測地点ではワイヤーに観測機器を付けて海底まで降ろし，海水の温度や塩分の測定を実施した。また，海水を採取し，海水中の生物・化学成分を分析するための試料を採取した。さらに，浜に打ち上げられた氷山のサンプルを切り出し，海に流れ出す融け水の成分を調べるための試料も採取した。

海洋観測の解析結果から，融け水が流れ込む入江の奥へ行くに従い，海洋表層の塩分の値が小さくなることを確認した。このことは，融け水が陸から供給されていることを意味する。海洋側に注目して氷の融解現象を捉えた場合，まず膨大な融け水が海洋表層に供給される。もし，この融け水を単に「真水」と考えるならば，海水成分は希釈によって薄められるだけである。もちろん，それだけでも海洋表層に与える影響は大きい。たとえば，海洋表層に生息する植物プランクトンにとっては，窒素やリンなどの自分の体をつくるための栄養成

海面に浮かぶ氷山。「氷山の一角」という言葉どおり，水面下は 50 m ほどありそうな巨大な氷の塊。（筆者撮影）

カナックの浜に打ち上げられた氷山のかけらの採取。
何が入っているのか？（漢那直也氏撮影）

分が淡水流入によって薄められてしまい足りなくなるという大問題が起きる。一方，陸から流入する淡水は，氷床と地面の間を通り，土砂を巻き込みながら海洋に供給されるという報告もある。実際に今回の観測では，入江奥の海水は濁っていた。よって，河川のように栄養を陸から海洋に供給する可能性もある。

そこで，ポスドクの漢那さんを中心として調査をした結果，グリーンランドのカービング氷河（氷河末端部分が海に直接流れ込んでいる氷河）から流出する鉄分に富んだ融け水が，窒素，リンなどの栄養塩に富む海水と混ざって海面へ湧き上がり，夏の間のフィヨルドの生物生産に大きく貢献することがわかった。今後，北極域の温暖化が進行してカービング氷河が消失すれば，氷河の融け水による汲み上げポンプの機能が失われて，生態系に大きな影響が予想される。

21
２度目の長期北極海観測

2020 年に，MOSAiC というプロジェクトに参加する機会を得た。2015 年のノルウェー主催の漂流観測以来，2 度目の長期北極観測である。

MOSAiC（Multidisciplinary drifting Observatory for the Study of Arctic Climate）計画は，ドイツ Alfred Wegener Institute（以下 AWI）の砕氷船「ポーラーシュテルン」を北極海の氷原に閉じ込めた状態で，1 年以上（2019 年 9 月から 2020 年 10 月）にわたり大気，海洋，海氷，生物地球化学，海洋生態系に関するフィールド観測を行う，超長期北極海横断漂流観測プロジェクトである。また，20 か国以上，数百人の研究者が参画する，北極海観測史上最大規模

北極点の海氷と「ポーラーシュテルン」
（S. Graupner 氏撮影）

海氷上にあけた穴から
海の温度や塩分を測定する機器を
3000 m まで沈めて調査
（筆者撮影）

の国際プロジェクトである。1893〜1896 年に行われたフリチョフ・ナンセンらのフラム号による北極探検を手本としており，現代の最新技術や知見をもとに，近年激変する北極海を通年で調べ尽くすことが目的である。

MOSAiC 計画では，1 年間を 2 か月ごとの 6 つのレグに分割し，航空機や輸送用砕氷船を使用して研究者や技術者，船員などの人員の入れ替えや物資補給をしながら，1 年を通して特定の氷盤で観測を実施することを計画していたが，新型コロナウイルス感染症（以下コロナ）の影響により予定は大きく変更された。

しかし，AWI はコロナに屈することなく，困難を極めた参加者の入国手続き，航空機手配，検疫などの人員の入れ替えに関わる作業も含め，最後まで MOSAiC をやり遂げ，貴重なデータやサンプルを得た。そして，「ポーラーシュテルン」は 2020 年 10 月に母港であるドイツ・ブレーマーハーフェンに約 1 年ぶりに帰港した。私は最後のレグ（2020 年 8 月から 10 月）に参加し，観測を実施することができたので，ここで報告する。

私はもともと 2020 年 5 月末から 8 月末のレグ 5 に参加する予定であった

が，コロナの影響で私より前のレグにおいて人員の入れ替えができなくなった。そのためレグは後ろにズレ，レグ 6 は消滅し，レグ 5 が最後のレグとなった。そして，入れ替えのための輸送用砕氷船のキャンセル，出港地など，すべてが変更された。

最終的な日程が決定し，航空機の手配，日本出国やドイツ入国の許可が下りたのは出発の 1 週間前と，かなりギリギリであった。7 月中旬の出発当日は，ゴーストタウンのように静まりかえった羽田空港国際線ターミナルからほとんど乗客がいない飛行機で出国し，果たしてこの先どうなるのかという不安と妙なワクワク感を抱きながら日本を後にした。ドイツ入国後，2 週間の検疫，3 回の PCR 検査を受け，ようやく MOSAiC レグ 5 への参加条件が満たされた。そして 8 月初めにロシア砕氷船に乗り込み，北を目指してドイツから出港したのであった。

1 週間ほど北上すると，スバールバル諸島付近で「ポーラーシュテルン」と会うことができた。当初，この時期は，「ポーラーシュテルン」はさらに北の海氷域において漂流観測を続けているはずであった。しかし，予想以上に北極海

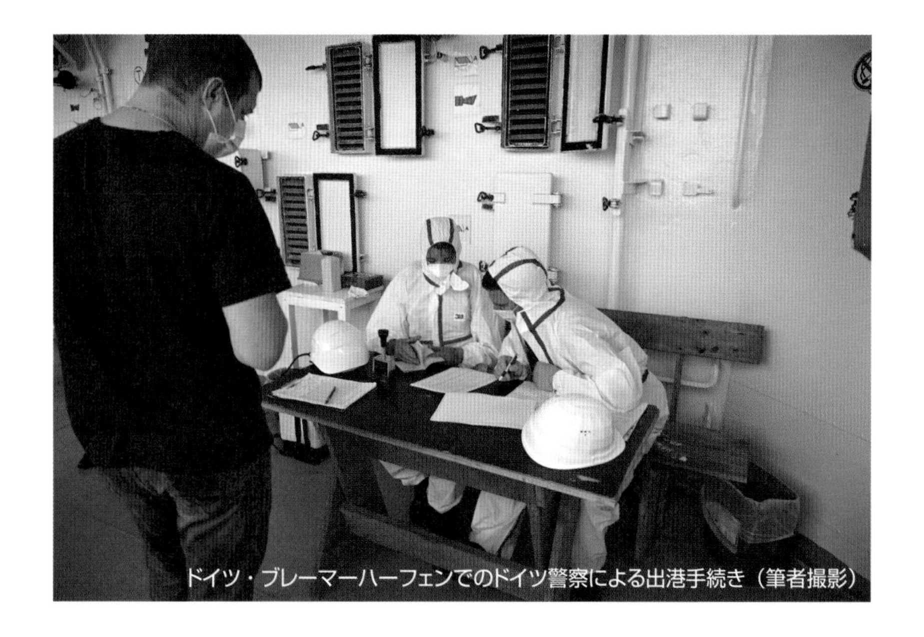

ドイツ・ブレーマーハーフェンでのドイツ警察による出港手続き（筆者撮影）

北極洋上でドッキングする「ポーラーシュテルン」（右）と
「トリオシュニコフ」（S. Graupner 氏撮影）

の海氷の南下漂流速度が大きく，海氷域の外に出てしまったのだ。そして，1年間観測を実施した氷盤が崩壊し，本来の MOSAiC 計画のコンセプトである長期漂流観測は，私が参加するレグ 5 の前に終了してしまったのである。

これは大変なことである。チームリーダー間で議論を繰り返し，それまでのレグで実施できていなかった結氷初期に着目した観測を実施することになった。ロシア砕氷船と「ポーラーシュテルン」を洋上でドッキングさせ，人員交代，食料・酒・燃料補給，レグ 4 のメンバーとの引き継ぎなどを実施し，レグ 5 のメンバーは「ポーラーシュテルン」で結氷現象を捉えるために，より寒い北を目指すことになった。北上中は海洋観測などを実施した。また，なぜか北極点も通過し，北極点到達を祝った。その後，約 1 か月間観測をするための氷盤が決定した。

氷盤での観測は「ポーラーシュテルン」の右舷側 500 メートルほどを基本的な範囲として，大気，海氷，海洋観測機器を氷上に展開し，さまざまな観測が行われた。氷上観測では，つねにホッキョクグマの危険にさらされるため，ライフルの携帯が必須であった。ホッキョクグマが近くに出没したため観測を中止し，「ポーラーシュテルン」に引き返すことが何度もあった。

私が所属した生物地球化学チームは，メルトポンド（海氷表面が融けて出来た水たまり）やリード（海氷が割れて出来た水路）に着目した研究を実施した。とくにメルトポンド観測では，メルトポンド内での大量の浮遊物の存在や，メルトポンド底の氷の表面での大量の有機物の沈殿など，新たな発見があった。これらの物質は，生成や分解を通して，メルトポンド内の二酸化炭素，メタン，硫化ジメチル，栄養塩などの生物地球化学成分と密接に関係し，大気や海水との物質交換過程において重要な役割を果たしている可能性がある。

また，氷盤での観測前半は，メルトポンドやリードの表面約 1 メートルには雪や海氷の融解水による淡水層が存在したが，観測後半になると表面の結氷が開始し，冷却による鉛直混合が起き，淡水層が消滅するなど，当初目的としていた結氷初期のイベントを鮮明に捉えることができた。

今後，採取した生物地球化学成分の分析とあわせ，大気との気体交換過程やメルトポンドおよびリード内での物質循環過程について明らかにする予定である。

海氷上での二酸化炭素交換測定（筆者撮影）

リードでのアメリカグループのチャンバー（白）と筆者のメタルチャンバーによる大気との気体交換量の比較実験（筆者撮影）

海氷上のリッジ（氷が重なり合った場所）での海氷コアサンプリング（筆者撮影）

リードでの水中二酸化炭素濃度の測定（筆者撮影）

メルトポンドでの化学成分測定のための水サンプル採取（筆者撮影）

観測中の休暇

観測船に乗って毎日観測をしていると，さすがに疲れてくる。船から氷上に降りての観測作業は，雪をスコップで掘ったり，氷に穴を開けたりと，まるで土木作業だ。私のようなインドア派の体にはかなりこたえる。体を休める必要がある。しかし，観測時間は限られるため休んでいられない。まるでブラック企業のようだが，好きでやっているのでしかたがない。とはいえ，天気が悪いときはどうしようもない。悪天候だと視界が悪く危険である。また，作業もできない。そんなときは船のなかでまったりと過ごすこともある。

ただ，働きかたは国によって（人にもよるが）違う。日本人は（私は）休めと言われてもどうやって休んでいいのか困る場合がある。一方，欧米の研究者は夕方には作業を終え，サウナを楽しみ，お酒を飲みながら映画を観たり，夜中まで飲んでいたりなど，船での生活を楽しんでいるようだ。観測中も時間があるときは，観測をしているすぐ隣でスキーやサッカーをして楽しむなど，自由である。もちろん日本人でも休憩ばかりしている人もいるし，ずっと作業をしている欧米の研究者もいる。結局，人によるのかと思う。

休暇のひととき（筆者撮影）

22 インドア派のための海氷研究方法

海氷の研究は多岐にわたる。私は観測に出てサンプルを採取し，それを分析することによって，対象とする科学的な疑問の解明を目指している。しかし，海氷域は遠いし，行くにはお金がかかる（このあと紹介するサロマ湖は比較的近く，気軽に行けるけれど）。また，年によっては，極域の現場に氷がなく，観測できないといったリスクも伴う。そこで私は，修士課程のとき，フィールドに出てみたいという気持ちを抑え（本当はインドア派なのだが），低温室の水槽で海氷をつくって研究を進めた。

イギリス・イーストアングリア大学の海氷生成水槽での海氷コア採取（筆者撮影）

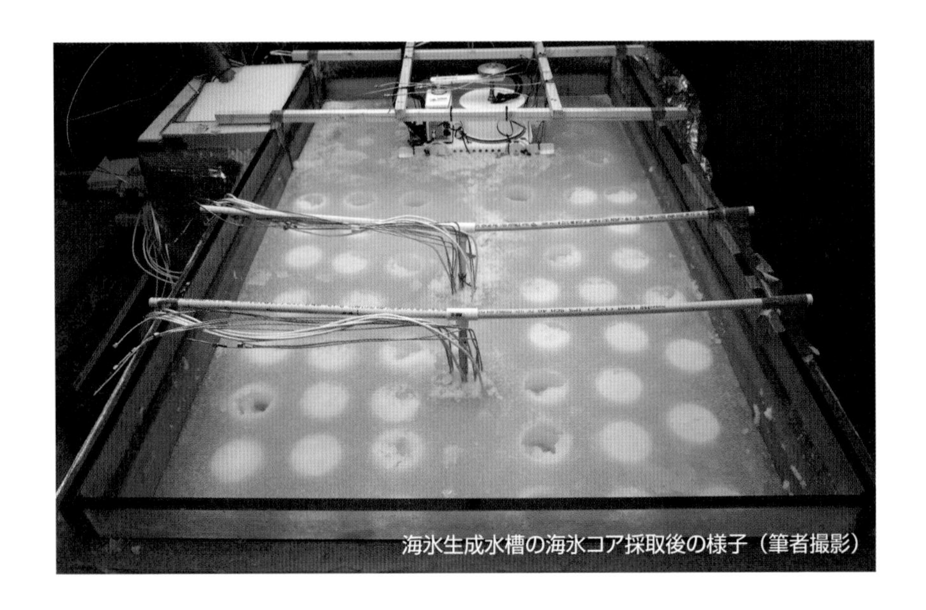
海氷生成水槽の海氷コア採取後の様子（筆者撮影）

室内実験は，自然環境ではさまざまな現象が複雑に入り混じっているため理解に困る事柄を，それぞれの諸現象に分別して一つ一つ詳細に解明していくことを可能にする。いわば海氷分野の基礎研究であり，普遍的な現象を追究するためのベースラインとなる有効な研究であることを学んだ。

今後は，温暖化により海氷が少なくなる一方である。現場観測ができなくなり（できたとしても，氷が薄くて人が乗れない？），低温室の水槽で海氷をつくって研究を進める方法がメインストリームになるときがくるかもしれない。

23
海氷研究のメッカ：みんな大好きサロマ湖

みなさんサロマ湖はご存知だろうか？ 北海道オホーツク海沿岸にある海と一部がつながった湖である。海とつながっているため，水は海水そのものである。そして，冬になると凍る。海水が凍るから海氷なのだ。湖なのでオホーツク海外洋のように氷が移動することがなく，安全であり，アクセスも容易，宿泊施設まであるという好条件により，これまで多くの海氷研究者がサロマ湖を利用してきた。私も学生のころからフィールドとして，またトレーニングの場として親しんできた。

サロマ湖での海氷採取（左），海洋観測機器が設置されたテント（中央），海氷と大気間の二酸化炭素交換量測定のための観測機器（右）（筆者撮影）

海氷ブロックの採取（筆者撮影）

近年では，北海道大学低温科学研究所とオーストラリアのタスマニア大学が実施している国際南極大学という教育プログラムにおいて，日本とオーストラリアの学生が，サロマ湖で海氷について学んでいる。このように，北極や南極での観測のための教育の場としても役立てられている。また，現在，海氷物質循環研究に関する方法論の確立をテーマとした世界的な取り組み（詳細は25節）が進められており，その実験のためのフィールドとしてもサロマ湖が利用されている。

サロマ湖の東部は常呂町（ところちょう）である。ご存知のとおり，常呂町はカーリングのメッカである。多くのオリンピック選手を輩出している。海氷観測の時期はカーリングのシーズンとちょうど重なるので，私たちがいつも利用させていただいているネイパル北見は，大にぎわいである。ネイパルは，観測機材の準備をしたり，採取したサンプルの処理をするためのスペースが豊富にあり，宿泊料が安く，そして何と言ってもサロマ湖まで歩いて 30 秒という非常に恵まれた環境にあるため，絶好のベースキャンプである。また，冬は牡蠣の旬であり，近くの商店で大量に買い込み，夜な夜な蒸して食べることも楽しみの一つとなっている。

世界的に見ても，これほどアクセスが良く（南極や北極と比べて），宿泊も安価で，いろいろ楽しい海氷域はない。そのため，サロマ湖には日本だけでなく世界から多くの研究者が集う。まさに海氷研究のメッカ，みんな大好きサロマ湖！ なのである。

サロマ湖宿泊施設前での観測準備（筆者撮影）

サロマ湖あるある

私はよく観測に出る，と言っても年に 1 回ほどである。いつも海氷観測をしていると思っている人もいるようだが，そんなことはない。実はこう見えて，基本的にインドア派なので，フィールドではいつもあたふたする。

海外で観測する（アウェー）場合は気合が入るが，ホームと言ってもいい我らのサロマ湖では大概，気が抜けている。そんなときよくあるのが忘れ物だ。船の場合は，忘れ物をしてしまうとどうにもならないので入念に準備をする。しかし，サロマ湖は日本であり，しかも陸であるため油断する。忘れ物には氷上で気づく。「あれ，あの部品わすれた！ じゃあ拠点まで戻るか」ということで 30 分ほど時間をむだにしてしまう（なかには電話をして学生に持ってきてもらう人もいる）。

こんなことを繰り返しているのは私だけかと思いきや，サロマ湖ではよくある風景。サロマ湖あるあるの一つであり，関係者の間では風物詩となっている。

機器の調子が悪く，電話で問い合わせ中。
サロマ湖は電波が通じるので助かる。（筆者撮影）

24
南極からのおみやげ

ここ数年，日本南極地域観測隊（JARE）の隊員の方に，南極の海氷のサンプル採取の依頼をしている。南極昭和基地付近には，毎年融けないで残る海氷，いわゆる多年氷が存在する。その厚さは，時には 10 メートルにも達する。砕氷船「しらせ」がこの氷に阻まれ，昭和基地に近づくのを断念したこともある。一方，最近はその分厚い氷が崩壊し，外洋に流出してしまうという事態が起きている。その理由を明らかにするために，海氷の構造や強度に着目した研究を実施している。

南極昭和基地付近の海氷上での観測風景
（筆者撮影）

低温室で
4m以上ある
南極の海氷を
細分して解析
（筆者撮影）

結晶構造を探るための薄片写真（筆者撮影）

南極からやってきた海氷サンプルは，北海道大学低温科学研究所の低温室で細かく切って，学生たちと共に鼻水を垂らしながら，物理・化学成分の分析や氷の結晶構造の探究を進めている。貴重なサンプルを採取してくれる観測隊のみなさんに感謝しつつ。

25
海氷物質循環研究に関する世界的な取り組み

国際科学会議（ICSU：International Council for Science）によって設置された海洋研究科学委員会（SCOR：Scientific Committee on Oceanic Research）において，海氷の物質循環研究に向けたワーキンググループ WG152：ECV-Ice（Measuring Essential Climate Variables in Sea Ice）が 2016 年，新たに発足した（http://www.scor-int.org/SCOR_WGs.htm）。このワーキンググループでは，海氷生物地球化学研究に関わる観測およびサンプルの処理手法の確立を目指している。

ECV-Ice と SCOR のロゴ

これまで国内外の各研究グループは独自の方法で海氷サンプルを処理していたため，結果の比較などが難しい状況にある。たとえば，海氷中の成分を分析する際は，海氷を融かして液体にする。しかし，融解時には塩分が急激に低下し，サンプル中の植物プランクトンは浸透圧の調整ができなくなり細胞が破裂

2019 年に視察のために訪れたカナダ・ケンブリッジベイの観測基地（筆者撮影）

する。その結果，植物プランクトン量を正確に測定できないなどの問題が生じる。そこで，濾過海水などを入れて塩分低下を緩和するなどの処置が取られているのだが，濾過海水を加えると溶存気体成分や微量金属成分による汚染のリスクが増えるだけでなく，濾過海水中の栄養塩などが供給されることによって融解中に植物プランクトンが増えてしまう恐れもある。

このような問題の解決を目指して，ワーキンググループ ECV-Ice では，多くの成分にとってベストな方法を探るべく協同観測を実施している。2016 年，2018 年，2019 年の 2～3 月には北海道沿岸のサロマ湖でベルギー，イギリス，カナダ，オーストラリア，ドイツ，フランスの研究者とともに観測を実施した。また，2022 年 5 月にはカナダのケンブリッジベイで氷上での国際協同観測が予定されており，観測を通して海氷生物地球化学研究のための観測方法およびサンプルの処理手法の確立が期待される。

謝　辞

本書の作成にあたっては，以下の方々から写真や図版をご提供いただきました（掲載順，敬称略）。

S. Hendricks，M. Hoppmann，田村岳史，三浦大輝，豊田威信，M. Granskog，P. Wongpang，柏瀬陽彦，P. Leopold，J. Wallenschus，G. S. Dieckmann，漢那直也，S. Graupner

心よりお礼申し上げます。

とくにS. Hendricksさんが撮影された素晴らしい写真は何枚も使わせていただきました。彼はドイツの研究者で，海氷の厚さを測定することを専門としています。海氷が大好きであることが写真からも伝わってきます。

サロマ湖での海氷と大気の二酸化炭素交換測定の比較実験。
手前はチャンバー法，奥は渦相関法。（筆者撮影）

■著者

野村 大樹（のむら だいき）

北海道大学北方生物圏フィールド科学センター所属。准教授。博士（環境科学）。1980年生まれ。愛知県稲沢市出身。学位取得後，国立極地研究所，ノルウェー極地研究所，北海道大学低温科学研究所，北海道大学大学院水産科学研究院を経て，現職。北極海，南極海，オホーツク海の海氷を対象とした観測研究に従事。専門は海氷生物地球化学。インドア派。

ISBN978-4-303-80006-2

北水ブックス

凍る海の不思議

2021年7月15日　初版発行

著　者　野村大樹　　検印省略

発行者　岡田雄希

発行所　海文堂出版株式会社

本社　東京都文京区水道2-5-4（〒112-0005）
電話 03（3815）3291（代）　FAX 03（3815）3953
http://www.kaibundo.jp/

支社　神戸市中央区元町通3-5-10（〒650-0022）

日本書籍出版協会会員・工学書協会会員・自然科学書協会会員

PRINTED IN JAPAN　　印刷　ディグ／製本　誠製本

北水ブックス　既刊各巻 A5 判 128 頁 オールカラー 定価1980 円（税10％込）

海をまるごとサイエンス
—水産科学の世界へようこそ
海に魅せられた北大の研究者たち 著

北大水産学部の研究者が中心となって水産科学の魅力を語る「北水ブックス」。第 1 弾は 11 人の共著。クジラやイルカ、サケ、チョウザメ、ヤドカリから微生物まで、さらに海の渦、北極海、深海底、メタゲノムの話など、興味深い話題満載。

出動！イルカ・クジラ 110 番
—海岸線 3066km から視えた寄鯨の科学
松石隆 著

海岸に打ち上げられたクジラがいると聞けば、現地に駆けつけ貴重な研究試料を採取する。網にかかったイルカがいれば、一時保護し海へ帰す。そんな活動の中心となって奮闘している著者が積み重ねてきた調査の実際、驚きの体験、そこから生まれた研究の数々を紹介。

魚類分類学のすすめ
—あなたも新種を見つけてみませんか？
今村央 著

分類学って難しそうだし、デスクワークなのでは？と思ったあなた、まさに「目から鱗」間違いなし！新種発見のワクワク感、世界を巡る標本観察の旅、名前を付けるときのとても面倒な決まり事、標本づくりやスケッチのテクニック、論文の書きかたなど、盛り沢山の内容。

北海道の磯魚たちのグレートジャーニー
宗原弘幸 著／写真協力 佐藤長明

北海道の磯魚たちは、いつ、どこからやってきたのか。さまざまな試練をどのようにして乗り越えて、生き残ってきたのか。その謎を解明するために北太平洋各地の海を潜った調査の様子と、魚たちの生態を紹介する。水中カメラマン佐藤長明氏撮影の 40 数枚を含む 160 枚を超えるカラー写真を掲載。10 本の動画も視聴できる。

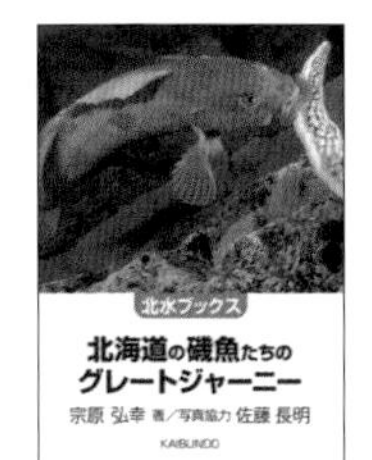

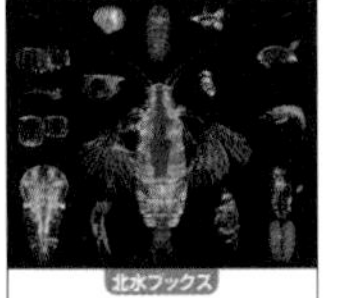

プランクトンは海の語り部
—変わりゆく極域
松野孝平 著

いま北極海、南極海ではどんな環境の変化が起きているのか、プランクトンの調査を通して解説する。観測現場での体験、タスマニアでの留学生活などのエピソードもたっぷり。動物プランクトンの美しい写真 57 枚をまとめたミニ・プランクトン図鑑も収録。